臺灣特色茶
貯藏期間風味解密

農業部茶及飲料作物改良場　編著

五南圖書出版公司　印行

序|

　　茶葉，這一歷經千年傳承的瑰寶，不僅是日常生活中的常客，更是文化與科學的結晶。而臺灣茶產業自清朝末年開始發展，經百餘年的演進，飲茶成爲了臺灣人共通的生活習慣，惟臺灣茶在販售時歷經從 1 臺斤（600 公克）大包裝到目前常見的四兩（150 公克）包裝，消費者在茶葉開封後常有保存的問題。近年來臺灣藏茶風氣盛行，常有消費者對茶葉貯藏過程品質變化與風味的轉化相當感興趣。經查除行政院農業委員會茶業改良場於民國 91 年（2002）出版《茶業技術推廣手冊—製茶技術》，其「茶葉之包裝貯藏」章節曾簡單介紹影響茶葉貯藏的環境因子及貯藏期間的化學成分變化之外，坊間未曾出版過針對臺灣特色茶貯藏的相關叢書。

　　本書《臺灣特色茶貯藏期間風味解密》旨在透過詳細的科學數據和分析，揭示茶葉在貯藏三年期間下香型及滋味之變化，這些變化包括了感官品質、香氣成分及主成分（含兒茶素等機能性成分），並探討這些變化對茶葉品質影響。這些研究成果不僅對於茶葉貯藏的理論研究具有重要意義，對於茶產業界的實際應用也相對提供寶貴的科學化參考。

　　臺灣特色茶涵蓋不發酵的碧螺春綠茶，烏龍茶類（部分發酵茶）、全發酵的紅茶，以及新興機能性茶類—GABA 烏龍茶，本書針對了 11 種臺灣特色茶類撰擬貯藏各論，讀者不論喜好何種茶類，皆可從本書獲得相關有用的資訊。本書另一特點即是以風味輪角度出發，綜整性地探討化學成分變化對於茶葉香氣與滋味之影響。

本場將定期整理試驗結果對外分享，提供業者、消費者甚至是研究人員更多的科學數據參考，並以此拋磚引玉，引領更多的資源投入研究，期待未來能更全面剖析茶葉的風味。越雙甲、慶周年，本書出版時恰逢本場改制成農業部茶及飲料作物改良場一周年，謹以此書作為標誌，象徵本場邁向下一個百年的新起點。

農業部茶及飲料作物改良場　場長

蘇宗振 謹識

中華民國 113 年 7 月

目錄 | CONTENTS

第一章　緒論　　　　　　　　　　　　　　　　　　　1

第二章　各論　　　　　　　　　　　　　　　　　　　11

01　不同貯藏時間之碧螺春綠茶品質及化學成分變化　13

02　不同貯藏時間之文山包種茶品質及化學成分變化　27

03　不同貯藏時間之清香烏龍茶品質及化學成分變化　41

04　不同貯藏時間之凍頂烏龍茶品質及化學成分變化　55

05　不同貯藏時間之鐵觀音茶品質及化學成分變化　67

06　不同貯藏時間之紅烏龍茶品質及化學成分變化　79

07　不同貯藏時間之東方美人茶品質及化學成分變化　91

08　不同貯藏時間之大葉種紅茶品質及化學成分變化　105

09　不同貯藏時間之小葉種紅茶品質及化學成分變化　119

10　不同貯藏時間之蜜香紅茶品質及化學成分變化　135

11　不同貯藏時間之 GABA 烏龍茶品質及化學成分變化　149

第三章　總論—茶葉化學成分對特色茶感官品質
　　　　之影響　　　　　　　　　　　　163

附錄　材料與方法　　　　　　　　　　　189

第一章

緒　論

楊美珠、黃宣翰、蘇宗振

一、 前言

茶葉以新鮮品飲最能品嚐到其鮮爽的風味與香氣,然而臺灣特色茶在販售時通常為 4 兩(150 克)、半斤(300 克)或 1 斤(600 克)包裝,泡一壺茶的茶葉使用量僅約 5〜20 克,造成消費者在茶葉開封後常有保存茶葉的問題。此外,近年來臺灣陳年老茶收藏及品飲日益風行,有許多消費者因珍惜捨不得喝,想了解茶葉貯藏之後的變化,看能不能轉化風味,但也擔心貯藏後的茶或過了保存期限的茶還能不能飲用。

茶葉屬低水活性乾燥食品,從食品安全衛生的觀點來看,只要保持乾燥,即便長時間貯放,茶葉很少會發生食品安全衛生之酸敗與發霉等問題;但另一方面由於茶葉吸濕性很強又極易吸收異味,因此一旦開封後,需要被妥善包裝貯藏以防止其劣變。然而,即便妥善包裝隔絕濕氣與異味,氧氣、光照、溫度等因子仍會使茶葉在貯藏期間品質發生變化;在這些因子中以緩慢的自發性氧化作用最難防止與察覺。此外,茶葉為重視香味之嗜好品,其香味成分極敏感又不安定,貯藏期間會自然揮發或再氧化裂解,便會造成茶葉風味的改變。

臺灣地區由於氣候環境、品種及製法不同,茶葉的種類非常多元,從不發酵的綠茶、部分發酵的烏龍茶(包括包種茶、清香烏龍茶、焙香烏龍茶、東方美人茶),到全發酵的紅茶都有,不同茶類各有其獨特的風味品質,而與風味品質相關的化學成分在貯藏過程中也會有不同的變化,造成茶葉品質不同程度的改變。此外,茶葉外型有條形與球形之分,造成茶葉接觸空氣的表面積不同,也會影響茶葉化學成分的變化速率。

茶葉的保鮮貯藏與陳放老茶可以說是一體的兩面,同一款茶以不同的條件貯藏一段時間後,可能呈現截然不同的風味。然而過往對於茶葉貯藏的研究比較著重於茶葉外觀、水色或感官品評等表徵現象,尚未有任何科學依據或成分可供檢測。因此,有必要從茶葉化學成分角度出發,進一步了解茶葉於貯藏過程中發生之變化。

二、 茶葉貯藏之本質特性

明末清初周亮工先生的《閩茶曲》:「雨前雖好但嫌新,火氣未除莫接唇。藏

得深紅三倍價，家家賣弄隔年陳。」雖然這是針對武夷岩茶的描述，但這首詩把茶葉採摘時機及加工製程的影響、茶葉貯藏過程的轉變與藏茶開封的時間點，描寫的十分傳神。

　　剛出爐的新茶通常較菁澀，且帶有「生菁味」或「火燥味」，經過一段時間貯藏後，這些不良風味會自然減退或消除，使感官品質上更為醇和滑順，這種變化稱為後氧化作用（或稱「後發酵作用」），且會因茶葉吸濕而加速催化。因此，茶葉貯藏期間之品質變化，實際上可分成兩個階段，初期貯藏茶葉會因「後氧化作用」而提升品質，使茶葉達到最佳賞味期；但經歷一段時間的貯藏後，常因許多自發性的或外在因子導致茶葉品質逐漸改變，很難維持原來的新鮮品質。故良好保存的茶葉，經過歲月的洗禮，可轉化為帶有另一番風味的茶品；但保存不良的茶葉，卻將逐漸劣變。

陳化（aging; ageing）：隨著貯藏時間的增加，茶葉逐漸改變內在成分與風味的過程。

陳年老茶（aged tea）：自然陳放多年的茶葉，在長期貯藏的過程中經歷陳化作用，使其風味發生顯著改變。

陳年茶（old tea）：經長期貯藏的茶葉。茶葉如歷經陳化作用即可成為陳年「老」茶；但如以冷凍、脫氧、充氮等方式保鮮貯存，雖存放多年，風味可能不會有顯著改變，仍可保留原來的風味。

三、 茶葉貯藏過程中品質的變化

　　茶葉貯藏過程品質的改變主要表現為失去新鮮感（鮮味）、香味消褪、滋味失去活性變得平淡、茶湯水色亦失去明亮度變為暗褐，最後產生異味等。保存得宜的茶葉，歷經數年後，隨貯藏時間增加，茶湯水色越來越深，越偏紅褐色，茶葉顏色變深，茶梗顏色轉紅褐色、葉底越來越緊結，但沖泡時仍可自然開展，茶湯風味從新鮮的茶香逐漸偏酸味，良好保存的茶葉並會進一步轉化掉酸味，漸次產生醇厚陳年老茶韻味。

　　楊等（2013）年針對坪林茶區 1971～2012 年及宜蘭茶區 1982～2012 年的包種茶樣進行研究，結果顯示，隨貯藏年分增加，茶葉從新鮮的茶味及茶香，轉為酸味及陳味、悶味，至貯藏 10 多年後茶葉酸味逐漸降低，至貯藏 20 多年後酸味轉為醇和，香氣轉為木頭香、熟果香，而湯質更為醇厚甘潤；而茶湯顏色也會逐漸轉為暗褐色（圖 1-1）。

▍圖 1-1　於 2018 年進行茶湯萃取及拍照之不同年分包種茶茶湯，由左而右茶葉製造年分分別為 2012、2006、2001、1996、1991、1986 及 1982 年

　　楊等（2014）分析不同年度製作的凍頂烏龍茶，從茶葉外觀可發現隨著時代的演變，凍頂烏龍茶有越做越緊結的趨勢，1970 年代的茶葉條索鬆散；1980 及 1990 年代所製的茶葉為較鬆散的半球形；2000 年以後則為較緊結的球形（圖 1-2）。在茶葉及葉底色澤方面（圖 1-3），隨著貯放時間增加，茶葉有從綠轉為紅褐色的現象。而茶湯水色亦隨貯放時間增加逐漸轉為暗紅褐色（圖 1-4）。茶葉風味的部分，貯藏 1 年的茶樣，仍帶有新茶的風味；貯藏 7 年的茶樣，已帶些許酸味，至貯藏 34 年茶樣已帶有濃厚的梅酸味且澀味降低；但貯藏 39 年的茶樣因含水率高達 13% 以上，使茶葉發霉而影響品質，由此可知，好的貯藏條件對茶葉保存十分重要。

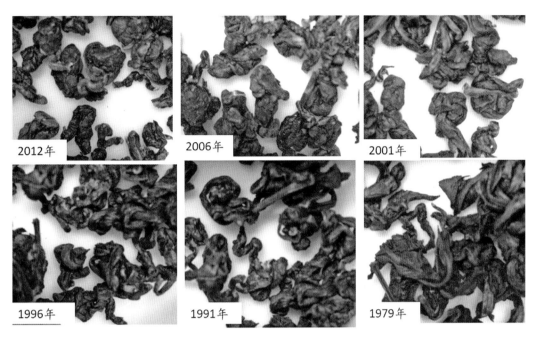

圖 1-2　不同年度製作之凍頂烏龍茶（2012 年拍攝）

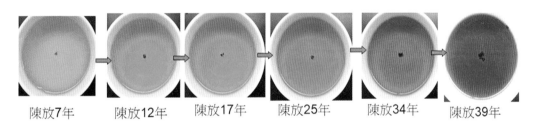

圖 1-3　不同貯藏年分凍頂烏龍茶茶湯（2012 年拍攝）

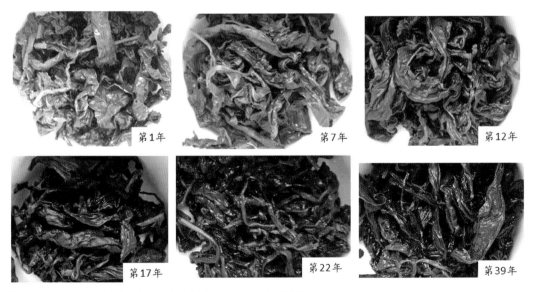

圖 1-4　不同貯藏年分凍頂烏龍茶葉底（2012 年拍攝）

四、 影響茶葉貯藏品質之因子

如同上等的紅酒，講究的是年分，而這「年分」不僅意味著好的原料來源（包含當時的氣候條件），也蘊含著貯藏的概念。不同的茶菁原料，經過不同的加工製程，再經歷不同時空背景的洗禮，轉化出多樣化的醇厚風味，是臺灣地區陳年老茶的特色。然而，並不是所有茶都會越陳越香，惟有原料好的茶，經過正規的陳放，才能往好的品質方面轉化。

（一）不同加工方式對茶葉貯藏品質之影響

對不同發酵程度的茶類而言，發酵程度越輕者，貯藏期間品質的轉變越快。綠茶為不發酵茶，茶葉中所含化學成分大部分皆未氧化，在貯藏期間易後氧化。因此茶葉貯藏期間變化速率，以綠茶最快，烏龍茶類次之，而紅茶轉變較慢。

以不同形狀茶葉而言，與空氣接觸面大者易吸濕與氧化，而加速轉變。因此，一般碎形茶之變化速率最快，條形茶次之，球形茶最慢。

不同烘焙程度之茶類中，重烘焙者因烘焙後不安定成分被去除及有些化學成分被固定，因此，貯藏過程較為安定。而輕烘焙或清香型茶葉，因香氣成分普遍不安定，易自然逸失與氧化，故在貯藏過程較易發生轉變。

（二）導致茶葉貯藏品質劣變因子

保鮮是儘量維持茶葉原來的風味不變質，陳化是希望茶葉在歷經時間的淬鍊後，讓風味有所轉化。茶葉保鮮與陳化是一體的兩面，減少茶葉的劣變，才能將茶葉導向優質的陳化品質。因此，必須先了解有那些因素會導致茶葉劣變。

1. 吸收異味

茶葉本身的微細結構乃由許多疏鬆多孔的物質組成，從茶葉表面到內部可以觀察到許多毛細管，外在的空氣、水氣很容易透過物理現象被吸附。此外，茶葉含許多極性與非極性成分，如多醣類、多元酚類、脂肪酸等，這些成分對空氣中之極性與非極性有機分子具強烈吸附作用，因此茶葉很容易吸收空氣中之異味物質（蔡與張，1996）。所以一定要注意茶葉貯藏地點是否有異味，否則茶葉就會變成高級的除臭劑。

2. 茶葉含水量

茶葉的吸濕性很強，當茶葉吸濕至含水量超過 7% 時，很多不利茶葉品質之化學變化會加速進行；當含水量超出 12% 時則茶葉易開始發黴，因此保存茶葉時含水量應控制在 5% 以下。空氣相對濕度亦影響茶葉吸濕速率，當相對濕度低於 50% 時，茶葉吸濕速率較爲緩慢；隨著相對濕度提高，茶葉吸濕速率亦提高。茶葉貯藏在相對濕度 100% 條件下，不超過 15 天即發生變質（蔡與張，1996）。

3. 光線

茶葉中許多成分對光線十分敏感，如兒茶素本身怕光；葉綠素遇光則易再氧化脫色；類胡蘿蔔素及一些與香味成分有關之不飽和脂肪酸遇光易再進行氧化分解，即使輕微之光照（50Lux 以上）亦可使茶葉品質劣變。許多食品照光後會產生「日光臭」，茶葉亦同，最典型的生成物化學成分爲波伏來（bovolide），爲一種酮類，此成分可作爲茶葉是否經過光照之判斷依據（蔡與張，1996），因此，隔絕光線是保存茶葉防止劣變的必要措施。

4. 溫度

貯藏溫度越高，茶葉品質變化速率越快（陳與區，1998），高溫使茶葉品質相關的化學反應快速進行。對綠茶而言，貯藏溫度過高不僅成茶鮮綠色外觀極難保存，茶湯水色亦會褐變。對清香型茶類而言，高溫加速香氣成分揮發（蔡與張，1996）。如要維持茶葉新鮮品質，低溫貯藏是茶葉保鮮最直接而有效的方法，理論上貯藏溫度愈低愈好，如以零下 20℃ 貯藏，幾乎可以長期保鮮茶葉品質。

陳放老茶則應避免環境溫度過高或溫差變化太大，以免影響茶葉品質與茶湯活性。此外，烘焙會使茶葉產生劇烈的化學反應，改變茶葉風味，當烘焙溫度超過 100℃，會使茶葉帶有烘焙味，而 120℃ 以上溫度長時間烘焙，易使茶葉碳化而帶有火焦味，茶葉成黑色捲曲狀，葉底無法開展。因此，茶葉應避免高溫烘焙，以免破壞茶葉的韻味。若茶葉受潮，以 80℃ 以下溫度乾燥，則茶葉化學成分變化極微（范等，2012；阮等，1989；徐等，2001；Kim et al., 2007），是較佳的處理溫度。

5. 氧氣

茶葉所含許多成分，在有氧氣的環境下，會進行氧化作用，而改變品質，如葉綠素之氧化裂解、兒茶素氧化與聚合、抗壞血酸氧化再與胺基酸作用形成褐色成

分，及一些與茶葉香氣有關之不飽和脂肪酸氧化生成醛、醇類等揮發性成分等（蔡與張，1996；Chen et al., 2012；Kuo et al., 2011；Lee et al., 2008；Lee et al., 2010；Stagg, 1974）。因此，茶葉若要保鮮，最好隔絕空氣，如真空包裝或放脫氧劑；但若要陳放老茶，則應有適度的空氣，使與茶葉陳化（進行後氧化作用）相關的化學反應得以進行。

6. 時間

雖然受到環境條件的影響，使茶葉劣變或陳化速度不一，但基本上，良好保存且自然陳化的茶葉，隨著時間增加，演進歷程相似。在貯藏初期，會產生一些異味，如陳味、油耗味、酸味等，且風味上較酸澀一些，需經過一段時間的陳化，將使茶葉酸味、澀味逐漸降低，再轉為醇和，且產生特殊的香氣（蔡等，2011）。然而茶葉的陳化並非無限期的，在一定的期限內的確會越陳越香，但當茶葉中的成分氧化過度，茶葉的品質就會下降，當內容物氧化殆盡，茶葉轉為無味，而喪失品飲的價值。因此，當茶葉陳化已達最高品質，則應加以保護且真空密封，以減緩劣變。

五、結語

臺灣特色茶種類繁多，一般消費者購買茶葉開封後，如無妥善保存，勢必影響茶葉風味品質，甚至造成劣變。因此，如何貯藏茶葉是極為重要的議題。茶葉的貯藏條件，基本上應從兩個方向來談。

（一）若要保有茶葉原來的特色，新鮮品飲，則應將茶葉貯藏在避光、密封（真空或脫氧）、低溫的環境之下，以減緩茶葉成分與品質之改變，延長最佳賞味期。

（二）若要陳放茶葉使成為優質的陳年老茶，首先應先選擇品質優良的茶葉，並貯放在避光、乾淨無異味的環境之下，並給予適當空氣，使茶葉陳化，此外，應避免高溫烘焙造成茶葉品質改變或碳化，若茶葉受潮，建議以 80°C 以下溫度乾燥，以免破壞老茶之品質。

六、參考文獻

1. 阮逸明、張如華、張連發。1989。不同烘焙溫度與時間對包種茶化學成分與品質之影響。臺灣茶業研究彙報 8: 71-82。

2. 陳玉舜、區少梅。1998。包種茶貯藏期間成茶揮發性成分之變化。中國農業化學會誌 36: 630-639。

3. 徐英祥、蔡永生、張如華、郭寬福、林金池。2001。包種茶炭焙技術 -(II) 炭焙溫度與時間對包種茶品質及化學成份之影響。臺灣茶業研究彙報 20: 71-86。

4. 范嘉綺、楊美珠、陳右人、陳英玲、李金龍、阮素芬。2012。烘焙溫度、時間及次數對臺茶十三號包種茶咖啡因及兒茶素類含量之影響。臺灣茶業研究彙報 31: 53-72。

5. 楊美珠。2015。陳年老茶的陳化與貯存。茶業專訊 92: 10-14。

6. 楊美珠。2014。台灣陳年老茶樣態簡介。茶業專訊 89: 12-14。

7. 楊美珠、李志仁。2013。老茶風味特徵之研究。行政院農業委員會茶業改良場 101 年年報。

8. 楊美珠、陳國任、陳右人。2014。臺灣陳年老茶樣態與年份判識。第三屆茶業科技研討會。

9. 楊美珠、李志仁、陳國任、陳右人。2013。貯放時間對包種茶品質相關化學成分之影響。第二屆茶業科技研討會專刊 pp.169-181。

10. 楊美珠。2019。臺灣陳年老茶樣態與保存。茶藝68: 38-43。五行圖書出版。

11. 楊美珠、陳右人、陳國任。2016.6。不同貯藏年份凍頂烏龍茶風味特徵之研究。第九屆海峽兩岸港澳四地茶業學術研討會論文集。pp.623-629。安徽合肥。

12. 蔡永生、張如華。1996。茶葉之包裝貯藏。茶葉技術推廣手冊（製茶篇）。茶業改良場編印。

13. 蔡怡婷、蔡憲宗、郭介煒。2011。文山包種茶不同年份茶葉品質變化。嘉大農林學報 8: 67-79。

14. Chen, Y. J., Kuo, P. C., Yang, M. L., Li, F. Y., and Tzen, J. T. C. 2012. Effects

of baking and aging on the changes of phenolic and volatile compounds in the preparation of old Tieguanyin oolong teas. Food Research International 07: 007.

15. Kim, E. S., Liang, Y. R., Jin, J., Sun, Q., Lu J. L., Du Y. Y., and Lin, C. 2007. Impact of heating on chemical compositions of green tea liquor. Food Chem. 103: 1263-1267.

16. Kuo, P. C., Lai, Y. Y., Chen, Y. J., Yang W. H., and Tzen J. T. C. 2011. Changes in volatile compounds upon aging and drying in oolong tea production. J. Sci. Food Agric. 91: 293-301.

17. Lee, V. S. Y., Dou, J., Chen, R. J. Y., Lin, R. S., Lee, M. R., and Tzen J. T. C. 2008. Massive accumulation of gallic acid and unique occurrence of myricetin, quercetin, and kaempferol in preparing old oolong tea. J. Agric. Food. Chem. 56: 7950-7956.

18. Lee, R. J., Lee, V. S. Y., Tzen, J. T. C., and Lee, M. R. 2010. Study of the release of gallic acid from (–) - epigallocatechin gallate in old oolong tea by mass spectrometry. Rapid Commun. Mass Spectrom. 24:851-858.

19. Stagg, G. V. 1974. Chemical Changes Occurring during the Storage of Black Tea. J. Sci. Fd Agric. 25: 1015-1034.

第二章

各　論

01

不同貯藏時間之碧螺春綠茶品質及化學成分變化

黃宣翰、郭芷君、邱喬嵩、楊美珠、蔡憲宗

一、前言

　　碧螺春綠茶為不發酵茶，主產於新北市三峽區。三峽區自日治時期便開始茶業的發展，光復後三峽茶農順應國內市場之需求，開始製作碧螺春綠茶或龍井茶。近年也正符合飲用綠茶有益健康風潮，獲得消費者肯定與喜愛，是目前國內最具代表性的專業炒菁綠茶產區。茶樹品種主要為青心柑仔，主要種植於白雞山周圍，當地山峰環繞，雲霧濛密，氣候涼爽，土質良好，適宜茶樹生長。碧螺春綠茶外觀新鮮碧綠，芽尖白毫多，形狀細緊捲曲似螺旋，茶湯碧綠清澈、鮮活爽口，品質獨樹一格。碧螺春綠茶的產期約在每年 3 月至 12 月，其中在 3～4 月及 10～12 月生產的品質較佳，尤以清明節前，葉片生長至一心三葉時，用手採一心二葉之嫩芽製成的碧螺春綠茶，其色、香、味、形最佳，俗稱明前茶。目前國內茶農在生產時常會攤放靜置茶菁數小時，以減少成品的生菁味，進而改善茶葉的風味。

　　茶葉陳化轉變是由許多因素所構成，包括多酚類、胺基酸、維生素 C、脂肪酸等物質的氧化降解以及葉綠素轉化（王等，2019）。而為了克服水分、溫度、及光照等環境因子對茶葉造成的影響，盡可能地保留茶葉原有的品質，茶葉的貯藏便格外重要。遂有前人研究針對茶葉的包裝條件進行探討，吳等（1977）試驗結果顯示煎茶充填氮氣於常溫貯藏下，除對色澤無明顯之保存效果外，對水色、香味及維生素 C 之保存頗具效果。然而國內外雖有綠茶貯藏之相關研究資料，但都是偏短期之研究，對於長期貯藏之化學成分及風味變化等參考資料相當匱乏。因此本研究擬建立感官品評及相關化學成分之數據資料庫，探究貯藏時間與品質變化之相關性，作為貯藏碧螺春綠茶的科學依據。

二、結果

　　以民國 105 年（2016）6 月自新北市三峽區採購之青心柑仔碧螺春綠茶為試驗材料。本研究以封口夾包裝來模擬消費者購買茶葉開封後之日常貯藏方式。碧螺春綠茶貯藏期間平均溫度為 23.8±4.3℃，濕度 51.8±7.5%，於貯藏 3 年間定期進行感官品評、香氣成分及相關化學成分分析。

（一）感官品評變化分析

　　當茶葉暴露在有氧的環境下，便會開始進行後氧化作用，茶葉感官品質會不斷地隨時間產生變化。碧螺春綠茶新鮮茶樣之特徵為色澤碧綠，水色蜜綠，帶甜香、蔬菜香及豆香，滋味甘醇鮮爽，於室溫貯藏3年間的感官品評結果如表2-1-1所示。

1. 外觀色澤與水色

　　外觀色澤於貯藏後有開始劣變無法保持翠綠之趨勢，因此感官評鑑分數不斷地下滑，由貯藏1個月時5.8分至貯藏36個月時達最低3.7分；另在水色部分明顯逐漸變深，有紅化之現象，也因此評鑑分數亦不斷下滑，至貯藏30個月達最低4.6分。

2. 風味（香氣、滋味）

　　貯藏1個月後茶湯仍帶有甜香、蔬菜香及豆香，但有微雜及微澀感，品評總分迅速從7.7分下滑至6.8分；貯藏3個月鮮度稍不足並已有些許陳味（木質調香氣）產生，因此分數再下滑至6.1分；6個月後陳味明顯上升並帶有雜味，品評分數降至5.6分；貯藏9個月後苦味伴隨著陳味出現，粗澀感提高並帶有微悶感，感官品評分數則呈微幅下滑的趨勢；貯藏至12個月粗澀感持續增加，酸味也伴隨著出現，同時陳味仍是主要風味；貯藏至18個月出現了類似老茶的風味（木質調香氣與酸味的混和感受），而澀感提高、鮮度不足及微走味之情形亦有發生，使感官品評分數又有較大幅度的下滑。爾後至貯藏36個月，感官品評分數呈現最低4.4分，茶葉帶有似老茶味，酸味及澀感漸增，並帶有陳、雜味是主要風味調性，整體而言，不論香氣或滋味品質，隨著貯藏時間的延長皆呈現下滑趨勢。綜合感官品評結果，在開始貯藏的那一刻開始，茶葉品質即不斷地下滑，當碧螺春綠茶接觸到氧氣的6個月後，其感官品質即達到一個相對低點，明顯評出雜味及陳味。

（二）茶湯 pH 值、水分含量及水色的變化

1. 茶湯 pH 值

　　碧螺春綠茶貯藏36個月的茶湯 pH 值變化如圖 2-1-1 所示，貯藏後 pH 值有顯著下降的趨勢，且隨著貯藏時間增加，pH 值的降幅越大，經3年的貯藏後 pH 值可從 6.1 降至 5.6。

2. 水分含量

進一步分析碧螺春綠茶之水分含量變化（圖 2-1-2），因本研究採用封口夾包裝茶葉，未完全密封下外界環境之水氣可緩慢擴散接觸茶葉，故可預期茶葉水分含量易受外界環境影響。結果顯示，在控制環境濕度的條件下貯藏 12 個月後，茶葉水分含量緩慢地提高至 5%，之後在 5%～5.5% 之間上下震盪。

3. 水色

本試驗採用 CIE LAB 色彩空間來表示茶湯水色的變化，其是國際照明委員會（International Commission on Illumination, CIE）在 1976 年所定義的色彩空間，它將色彩用 3 種數值表達，「L*」代表明亮程度；「a*」代表紅綠程度，正值為紅色，負值為綠色；「b*」表黃藍程度，正值為黃色，負值為藍色。碧螺春綠茶的水色變化趨勢結果顯示，a* 隨著貯藏時間增加有逐漸上升的變化趨勢，並且此上升幅度在貯藏 12 個月後更加明顯，這表示在有氧氣存在的條件下，碧螺春綠茶之茶湯水色會逐漸由綠轉紅，但在 L* 與 b* 值的部分並未觀察到很穩定的變化趨勢（圖 2-1-3）。

▼ 表 2-1-1　碧螺春綠茶貯藏不同時間之感官品評結果

貯藏時間（月）	外觀（30%）	水色（20%）	風味		總分 *	敘述
			香氣（25%）	滋味（25%）		
0	8.0	8.0	7.5	7.2	7.7	帶甜香、蔬菜香及豆香，滋味甘醇鮮爽
1	5.8	7.5	7.2	6.8	6.8	帶甜香、蔬菜香及豆香，微雜、微澀
3	5.8	5.5	6.8	6.0	6.1	鮮爽度稍不足、微陳
6	5.5	5.3	6.0	5.5	5.6	陳味上升、雜味
9	5.2	5.7	6.0	5.4	5.5	陳味，苦味，澀感上升，微悶
12	5.8	5.3	5.8	5.1	5.5	陳，酸，澀感上升，悶
18	4.0	5.3	5.3	4.7	4.8	鮮度不足，微走味，陳味，老茶味，澀感上升
24	4.1	4.7	5.2	4.6	4.6	陳味，老茶味，澀感上升
30	4.0	4.6	5.1	4.5	4.5	陳味，老茶味，酸，澀感上升
36	3.7	4.7	5.0	4.4	4.4	陳味，雜，老茶味，酸，澀感上升

* 總分：外觀分數 *0.3+ 水色分數 *0.2+ 香氣分數 *0.25+ 滋味分數 *0.25，4 捨 5 入至小數點後 1 位。

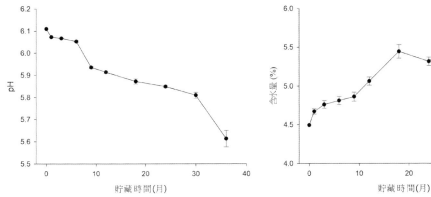

▎圖 2-1-1 碧螺春綠茶貯藏不同時間之 pH 值
變化

▎圖 2-1-2 碧螺春綠茶貯藏不同時間之水分含
量變化

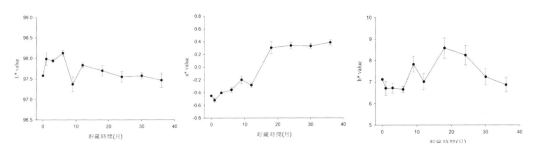

▎圖 2-1-3 碧螺春綠茶貯藏不同時間之水色變化

（三）香氣的變化

　　茶葉香氣是茶葉品質的重要體現，而在氧氣的催化下，茶葉的香氣成分在貯藏的過程中會有很劇烈的變化。透過氣相層析質譜儀等高階儀器的協助，取得茶葉的香氣輪廓，並透過交叉比對可得知個別香氣成分的變化趨勢。表 2-1-2 呈現了碧螺春綠茶香氣成分中具有顯著變化差異的化合物，Hexanal（己醛）、cis-3-Hexenol（葉醇）、trans-2-Hexenol（反 -2- 己烯醇）、1-Hexanol（己醇）、trans-β-Ocimene（羅勒烯）是茶葉中典型帶有青香、草香的揮發性化合物，在本研究中發現其含量有隨貯藏時間增加而下降的趨勢，然而目前尚無法得知碧螺春綠茶的茶湯鮮爽度的不復存，是否與這些典型青香化合物之佚失有相關。此外青香成分並非僅會呈現下降之趨勢，trans-2-Methyl-2-butenal、cis-2-Pentenol、6-Methyl-5-hepten-2-

one、Safranal（番紅花醛）也是茶葉中呈現青香之化合物，其在 3 年貯藏過程中含量會逐漸提升。Dimethyl sulfoxide 是僅在不發酵或輕發酵茶類中可分析到的揮發性化合物，因硫化物普遍帶有強烈的氣味，所以 Dimethyl sulfoxide 帶有藥味、大蒜味、腐敗和酸等強烈的負面香氣。cis-Linalool oxide (furanoid)、trans-Linalool oxide (furanoid)、Linalool（芳樟醇）、trans-Geraniol（香葉醇）是茶葉中帶來花香感受的代表性物質，其在貯藏過程中的含量下滑也代表著茶葉品質的下滑。α-Ionone（α-紫羅蘭酮）和 β-Ionone（β-紫羅蘭酮）是類胡蘿蔔素的降解產物，帶有木質、莓果、花香及堅果香，其中 α-Ionone 並不存在於新鮮茶葉，而 β-Ionone 在新鮮茶葉中僅存在微量，但茶葉開始貯藏後，茶葉接觸到空氣，α-Ionone 便會生成且穩定存在，β-Ionone 含量則會逐漸累積提高，加上隨著貯藏時間的增加，茶樣的陳舊味愈發明顯，因此推測此兩個成分有可能是陳舊味的主要來源成分之一。

香氣化合物中有數種可能與茶葉中的陳舊味有相關性，包括 α-Pinene 及 β-Pinene 具有松木香，2,6,6-Trimethyl-2-cyclohexene-1,4-dione 具有霉味與木質香，β-Cyclocitral 與 2,6-Dimethylcyclohexanol 同樣也具有木質香，其在茶葉中皆有明顯累積的效應。3,5-Octadienone isomer2 與 3-Octenol 具有油脂味及蘑菇味，cis-4-Heptenal 具有油脂味和煮過的馬鈴薯味；此外，羧酸是醇、醛、酮類化合物氧化反應的終點產物，當氧氣存在的條件不變下，可預期有機酸類會生成，而在本研究中可偵測到帶有汗臭味的 Hexanoic acid（己酸），因此上述數種因氧化作用生成的化合物都有可能是茶葉貯藏產生雜異味的重要原因。

另一方面茶葉開封後亦會同步提升正面香氣之含量 Methyl hexanoate（果香）、Methyl heptanoate（果香）、Limonene（果香）、2,2,6-Trimethylcyclohexanone（果香）、dihydroactioidiolide（果香）及 trans-Geranylacetone（花香），然而即使有這些正面的香氣物質，仍無法掩蓋其餘雜異味物質所帶來的不良風味。

▼ 表 2-1-2　碧螺春綠茶貯藏不同時間之香氣成分變化

滯留指數	香氣成分	貯藏時間（月）									
		0	1	3	6	9	12	18	24	30	36
	青香成分	----------------------------- 平均含量（%）-----------------------------									
735	trans-2-Methyl-2-butenal	0.00	0.00	0.11	0.11	0.17	0.16	0.12	0.15	0.15	0.11
765	cis-2-Pentenol	0.93	1.08	1.35	1.61	2.04	2.58	2.73	2.64	2.46	1.99
800	Hexanal	2.22	1.96	1.71	1.38	1.89	1.83	1.37	1.24	1.11	0.95
830	Dimethyl sulfoxide	0.00	0.00	0.16	0.19	0.14	0.31	0.40	0.59	0.46	0.56
851	trans-3-Hexenol	3.91	3.68	4.21	3.68	4.44	4.12	3.22	2.94	2.59	1.68
864	trans-2-Hexenol	0.88	0.77	0.86	0.84	0.97	0.89	0.69	0.71	0.42	0.27
867	1-Hexanol	0.67	0.58	0.58	0.58	0.66	0.57	0.66	0.58	0.29	0.21
986	6-Methyl-5-hepten-2-one	0.00	0.00	0.00	1.422	1.72	1.58	1.71	2.03	1.99	1.54
1047	trans-β-Ocimene	0.65	0.78	0.62	0.47	0.52	0.40	0.00	0.00	0.00	0.00
1193	Safranal	0.21	0.34	0.51	0.55	0.60	0.72	1.09	0.94	1.14	1.10
	花香成分	----------------------------- 平均含量（%）-----------------------------									
1069	cis-Linalool oxide (furanoid)	4.68	5.05	4.35	4.13	4.53	4.09	3.30	3.96	3.69	3.65
1086	trans-Linalool oxide (furanoid)	6.75	7.06	5.50	5.33	5.30	4.74	3.68	3.54	3.53	3.79
1100	Linalool	5.92	6.20	5.33	5.40	5.51	4.49	3.72	3.51	3.66	4.20
1109	Phenylethyl Alcohol	1.23	1.69	1.23	1.74	1.51	1.43	1.38	1.29	1.29	1.64
1257	trans-Geraniol	5.95	5.7	4.84	4.37	4.75	3.96	2.72	2.49	2.38	1.83
1424	α-Ionone	0.00	0.222	0.32	0.33	0.41	0.66	0.88	0.63	0.77	0.85
1453	trans-Geranylacetone	0.00	0.00	0.00	0.00	0.00	0.00	0.18	0.14	0.18	0.17
1483	β-Ionone	0.46	0.85	1.22	1.74	1.91	2.01	2.73	2.58	2.82	2.72
	甜香成分	----------------------------- 平均含量（%）-----------------------------									
910	γ-Butyrolactone	0.00	0.00	0.00	0.00	0.00	0.00	0.07	0.11	0.12	0.10
1104	Hotrienol	2.55	2.18	1.77	2.56	2.52	2.06	0.00	0.00	0.00	0.00
	果香成分	----------------------------- 平均含量（%）-----------------------------									
924	Methyl hexanoate	0.00	0.16	0.18	0.09	0.18	0.15	0.22	0.24	0.28	0.21
1023	Limonene	0.00	0.00	0.70	0.70	0.59	0.59	0.53	1.56	1.22	0.90
1025	Methyl heptanoate	0.00	0.00	0.11	0.11	0.09	0.09	0.14	0.17	0.20	0.15
1028	2,2,6-Trimethylcyclohexanone	0.00	0.47	0.82	0.87	0.86	1.20	1.47	1.70	1.98	1.57
1519	dihydroactioidiolide	0.00	0.00	0.00	0.93	0.78	1.02	1.43	1.87	1.18	1.77
	焙香成分	----------------------------- 平均含量（%）-----------------------------									
953	Benzaldehyde	0.93	0.99	1.40	1.35	1.42	1.96	1.85	2.96	2.05	1.83
	其他成分（雜異味）	----------------------------- 平均含量（%）-----------------------------									
889	2-Heptanone	0.00	0.09	0.14	0.11	0.13	0.16	0.24	0.29	0.40	0.25
900	cis-4-Heptenal	0.00	0.07	0.09	0.07	0.15	0.11	0.16	0.15	0.14	0.12

（續表 2-1-2）

滯留指數	香氣成分	貯藏時間（月）									
		0	1	3	6	9	12	18	24	30	36
901	Heptanal	0.87	0.58	0.38	0.26	0.36	0.26	0.33	0.23	0.22	0.14
927	α-Pinene	0.00	0.16	0.21	0.12	0.14	0.18	0.20	0.20	0.20	0.13
969	β-Pinene	0.00	0.00	0.10	0.00	0.00	0.05	0.11	0.11	0.10	0.06
970	Heptanol	0.00	0.00	0.00	0.00	0.00	0.07	0.06	0.06	0.05
979	3-Octenol	0.28	0.30	0.30	0.30	0.34	0.38	0.42	0.48	0.53	0.47
995	(E,Z)-2,4-Heptadienal	0.00	0.00	0.00	0.00	0.00	0.00	0.20	0.18	0.09
1005	Hexanoic acid	0.00	0.00	0.35	0.39	0.47	0.4	0.521	0.55	0.79	1.43
1092	3,5-Octadienone isomer2	0.00	0.00	0.55	0.79	0.46	0.96	1.44	1.79	2.08	2.10
1102	2,6-Dimethylcyclohexanol	0.83	1.78	2.16	2.55	2.67	3.60	6.87	7.76	8.53	8.75
1139	2,6,6-Trimethyl-2-cyclohexene-1,4-dione	0.00	0.00	0.00	0.00	0.00	0.00	0.44	0.43	0.54	0.51
1214	β-Cyclocitral	0.87	1.08	1.29	1.39	1.55	1.66	1.70	1.64	1.61	1.40

（四）化學成分的變化

　　圖 2-1-4 為碧螺春綠茶在貯藏期間沒食子酸含量變化之情形，結果顯示沒食子酸含量有隨貯藏時間增加而上升的趨勢，而對照 pH 之變化結果發現，沒食子酸含量的上升似乎與 pH 下降具有相關性。咖啡因為相當穩定之化合物，分析結果顯示咖啡因含量並無隨貯藏時間有明顯變化的趨勢（圖 2-1-5）。兒茶素具有抗氧化、消脂等生理活性，綠茶因具有高含量之兒茶素，而深受消費者所喜愛，茶葉中之兒茶素類主要由 8 種單體組成，包括 4 種游離型兒茶素，分別為沒食子兒茶素（Gallocatechin, GC）、表沒食子兒茶素（Epigallocatechin, EGC）、兒茶素（Catechin, C）、表兒茶素（Epicatechin, EC），及 4 種酯型兒茶素，分別為表沒食子兒茶素沒食子酸酯（Epigallocatechin gallate, EGCG）、沒食子兒茶素沒食子酸酯（Gallocatechin gallate, GCG）、表兒茶素沒食子酸酯（Epicatechin gallate, ECG）、兒茶素沒食子酸酯（Catechin gallate, CG）。而碧螺春綠茶個別兒茶素含量多寡粗略排序約為 EGCG>EGC>ECG ≒ EC ≒ GC ≒ GCG>C>CG，以 EGCG 及 EGC 兩者含量最高（圖 2-1-6、圖 2-1-7）。在總兒茶素及 EGCG 及 EGC 含量之部分（圖 2-1-8），在貯藏過程中並未發現有明顯穩定的變化趨勢，這顯示茶葉開封後，3 年短期的貯藏並不會減損茶葉的機能性。此外，對照感官品評結果可發現，

隨著貯藏時間增加會出現粗澀感，然而若對照兒茶素含量之變化趨勢，可發現兒茶素含量並無顯著提升之現象。在一般的認知中，普遍認為兒茶素是造就茶湯苦澀之主因，但透過本試驗之結果證實，在茶葉貯藏過程造成茶湯澀感的原因並非兒茶素，而是其他未知的物質。

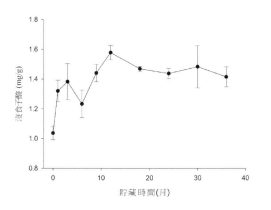

圖 2-1-4　碧螺春綠茶貯藏不同時間之沒食子酸含量變化

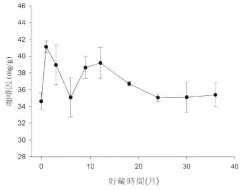

圖 2-1-5　碧螺春綠茶貯藏不同時間之咖啡因含量變化

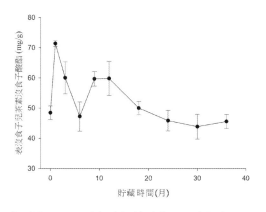

圖 2-1-6　碧螺春綠茶貯藏不同時間之 EGCG 含量變化

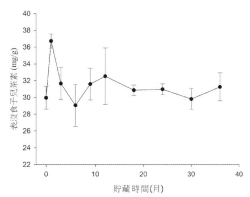

圖 2-1-7　碧螺春綠茶貯藏不同時間之 EGC 含量變化

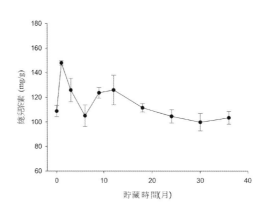

圖 2-1-8　碧螺春綠茶貯藏不同時間之總兒茶素含量變化

三、討論

　　碧螺春綠茶色澤碧綠的外觀是其名稱的由來，但其碧綠的色澤似不易保存。吳等（1977）試驗結果顯示，煎茶於常溫下貯藏 6 個月，不論是否有充填氮氣，茶葉色澤皆會因葉綠素被分解而劣變。朱（2013）研究顯示龍井綠茶於高溫（40℃）、高濕（75%）之環境下貯存 60 天，不論是否有放入脫氧劑，葉綠素含量皆呈下降趨勢，但有放入脫氧劑之處理其變化幅度較小。本研究結果與前人研究相似，於開始貯藏後，茶葉色澤皆有劣變無法保持翠綠之趨勢。

　　茶葉在有氧氣存在的條件下保存時，隨著貯藏時間增加，pH 值有下降的趨勢似乎是穩定且普遍存在的現象，蔡等（2010）分析不同年分文山包種茶之品質，結果指出年分越久，其 pH 值越低，但超過一定年限後 pH 值反而有回升的趨勢。陳等（2017）研究不同貯藏時間對嶺頭單叢茶主要指標品質之影響，結果顯示，茶葉以鋁箔袋密封後，其茶湯 pH 值隨著貯藏時間的延長總體呈下降趨勢，貯藏 5 年時達到最低，爾後在貯藏至 20 年時 pH 值雖有所回升，但仍顯著低於新鮮茶樣。在水色部分，前人研究亦有相似之結果，朱（2013）研究顯示龍井綠茶於高溫（40℃）、高濕（75%）之環境下貯存 20 天，未使用脫氧劑之處理，其 a* 值會顯著提高，顯示茶湯水色有紅化之現象。

　　在化學成分之部分，碧螺春綠茶的沒食子酸含量有隨時間增加的趨勢，許多前人研究也指出茶葉加工過程與貯藏亦會改變沒食子酸之含量。楊等（2018）研究顯示，隨烘焙溫度與時間增加，沒食子酸含量逐漸增加。袁等（2018）研究顯示，廣東單叢茶貯藏 10 年後沒食子酸含量有顯著增加之趨勢。Ning et al.（2016）研究指出隨著存放年分的增加，白茶的沒食子酸含量會逐漸提高。此外，在 3 年貯藏期間咖啡因含量並無明顯變化趨勢，袁等（2018）研究顯示，廣東單叢茶即使經過 20 年的貯藏，咖啡因含量亦無顯著差異。顯示咖啡因為相當穩定之化合物，不易因貯藏時間長短而發生變化。

　　羧酸是醇、醛、酮類化合物氧化反應的終點產物，當氧氣存在的條件不變，可預期有機酸類的生成，在本研究中經過 3 個月的貯藏即可偵到 Hexanoic acid，Hexanoic acid 帶有汗臭味（sweat），其可能是茶葉不當貯藏產生雜味的重要原因。Tao 等（2021）分析貯藏 20 年之祁門紅茶揮發性成分。結果顯示，茶葉中 C3-C9 的脂肪酸以 Hexanoic acid 占絕大部分，且貯藏至第 5 年時含量會達到最高峰，爾後因低碳數脂肪酸亦具有揮發性，故在貯藏 10 年時脂肪酸含量會顯著下降，並且自此貯藏至 20 年，含量再無顯著變化，因此前人研究認為茶葉貯藏至第 5 年時可能是一個關鍵轉換點。盧等（2006）研究陳化普洱茶與曬青毛茶揮發性成分之差異，發現 Dihydroactindiolide（二氫獼猴桃內酯）會累積在陳化後的普洱茶中，是普洱茶陳香的重要來源成分，本試驗亦顯示了相似之結果，茶葉開始貯藏 6 個月後，Dihydroactindiolide 開始被偵測到且隨著貯藏時間增加，而從 Dihydroactindiolide 的滯留指數來看（Retention index, RI），可知道 Dihydroactindiolide 是沸點比較高的化合物，揮發性相對弱於沸點低的化合物，因此在長期貯藏的情況下，沸點低的化合物可能因自然揮發或是於再乾的過程中散失，導致茶葉中的 Dihydroactindiolide 相對含量逐漸增加，成為重要的呈香物質，後續可持續專注此化合物，是否真的是茶葉貯藏重要的指標成分。

　　此外，前人研究針對茶葉貯藏對兒茶素含量變化影響之探討，結果不盡相同，袁等（2018）研究顯示，廣東單叢茶貯藏 10 年兒茶素含量並無下降趨勢，直至貯藏 20 年才有顯著減少。曾等（2017）研究顯示，普洱生茶貯藏至第 5 年兒茶素開始有顯著下降之趨勢。因此，另有前人研究延伸探討溫度及濕度對兒茶素含量變化之影響，王等（2019）將龍井綠茶及功夫紅茶以牛皮紙包裝，貯藏於不同濕度之

環境 3 個月後，在低濕度環境（25%）不論綠茶或紅茶，兒茶素皆無減少趨勢，反之在高濕度環境（70%）不論是綠茶或紅茶皆可觀測到兒茶素有顯著下降之趨勢。Li et al.（2013）研究指出，紅茶貯藏於一般環境（室溫，濕度 60%），1 年後總兒茶素含量無顯著差異，主要 4 種個別兒茶素 EGCG、EGC、EC 及 ECG 亦無顯著差異，反之貯藏熱帶環境（37℃，濕度 75%），總兒茶素及 4 種個別兒茶素皆有顯著下降之趨勢。宋（2010）將茶樣調整成不同水分含量 7% 及 12%，在 45℃ 及 65℃ 環境下貯藏 60 天觀察其兒茶素變化，結果顯示在相同的水分含量條件下，兒茶素含量隨著貯藏溫度的升高而有顯著下降之趨勢，因此推測貯藏溫度是影響兒茶素含量的主要因素。綜觀前人研究，茶葉所含之兒茶素是否在貯藏過程中發生變化，可能的關鍵是溫度與濕度（茶葉水分含量），這也是一般認知中影響化學反應速率的因子。另查前人研究中兒茶素含量有顯著變化之時間點，其茶葉水分含量分別為 8.90%（袁等，2018）及 10.01%（曾等，2017），而本研究貯藏環境為 24 小時除濕之茶葉專用茶窖，經溫濕度紀錄器顯示，5 月至 9 月溫度約在 27～30℃ 之間，其餘月份約在 20～25℃ 之間，濕度則經年維持在 45%～60% 之間。故可推測茶葉貯藏於如此環境，其環境強度並不足以讓茶葉之兒茶素含量發生變化，可能需要更長的貯藏時間才能看出穩定的變化趨勢。

四、參考文獻

1. 王近近、袁海波、陶瑞濤、鄭余良、滑金杰、董春旺、江用文、王霽昀。2019。溫度與濕度對龍井綠茶及功夫紅茶貯藏品質的影響。生產與科研應用 45(24): 209-217。

2. 宋婷婷。2010。綠茶貯藏過程中品質因子的變化研究。浙江大學農業與生物技術學院茶學碩士學位論文。

3. 吳振鐸、阮逸明、葉速卿、吳傑成。1977。煎茶充氮包裝貯藏期間主要化學成分變化與品質之關係研究。臺灣省茶業改良場 65 年年報 pp.93-96。

4. 朱作春。2013。龍井茶保鮮技術優化及相關機理研究。浙江大學農業與生物技術學院茶學碩士學位論文。

5. 袁爾東、段雪菲、向麗敏、孫伶俐、賴幸菲、黎秋華、任嬌豔、孫世利。

2018。貯藏時間對單叢茶成分及其抑制脂肪酶、α 葡萄糖苷酶活性的影響。華南理工大學學報（自然科學版）46(11): 24-28。

6. 陳荷霞、傳立、歐燕清、王金良、霍佩婷、何培銘。2017。不同貯藏時間對陳香嶺頭單叢茶主要品質的影響。福建農業學報 32(9): 969-974。

7. 曾亮、田小軍、羅理勇、官興麗、高林瑞。2017。不同貯藏時間普洱生茶水提物的特徵性成分分析。食品科學 38(2): 198-205。

8. 楊美珠、戴佳如、郭芷君、陳右人、陳國任。2018。烘焙條件對球形部分發酵茶品質相關成分含量變化之影響。第六屆茶業科技研討會專刊 pp.23-47。

9. 蔡怡婷、蔡憲宗、郭介煒。2010。文山包種茶不同年份茶葉品質變化之研究。嘉大農林學報 8(1): 67-79。

10. 盧紅、李慶龍、王明凡、紀文明、李尼杭。2006。陳化普洱茶與原料綠茶的揮發性成分比較分析。西南大學農業學報（自然科學版）28(5): 820-824。

11. Li, S., Lo, C. Y., Pan, N. H., Lai, C. S., Ho, C. T. 2013. Black tea: chemicals analysis and stability. Food and Function 4: 10-18.

12. Ning, J. M., Ding, D. Song, Y. S., Zhang, Z. Z., Luo, X., and Wan, X. C. 2016. Chemical constituents analysis of white tea of different qualities and different storage times. Eur. Food Res. Technol 242: 2093-2104.

13. Tao, M., Xiao, Z., Huang, A., Chen, J., Yin, T., Liu, Z., 2021. Effect of 1–20 years storage on volatiles and aroma of Keemun congou black tea by solvent extraction-solid phase extraction-gas chromatography-mass spectrometry. Food science and technology 136(2): 100278.

02

不同貯藏時間之文山包種茶品質及化學成分變化

張正桓、潘韋成、蘇彥碩

一、前言

　　文山包種茶爲部分發酵茶中發酵程度較輕微的茶類，主產於新北市坪林區、石碇區、新店區、深坑區、汐止區、臺北市南港區等地。文山包種茶的品質最具特色的基準爲外觀捲曲呈條索緊結狀、色澤墨綠，茶湯水色以蜜黃碧綠、澄清明亮，滋味圓滑甘醇有活性，香氣幽雅撲鼻，落喉甘潤，是特別注重香氣品質的一種茶類。因此，文山包種茶外形條狀，包裝不易抽眞空，香氣等物質容易氧化、陳化，爲臺灣特色茶中對貯藏條件及時間較爲嚴苛的茶類。

　　茶葉之經濟價值取決於其香味與滋味等品質特性，茶菁製成茶葉後，經過包裝甚至一段貯藏期間後方至消費者手中，如茶葉包裝貯藏期間未能妥善保存，使茶葉發生變質，將致經濟價值之損失。茶葉之香氣成分由不同製程而來，性質不安定，易自然發散或再氧化變質。新製成之茶葉滋味通常較爲苦澀，且帶有菁味及火味，而經一段時間之貯藏，環境中氧氣、光照、溫度及濕度之影響下，茶葉會進行後氧化作用（或稱後發酵作用）而使品質產生變化。一般而言，不同發酵度或不同烘焙程度之茶類，其後氧化作用程度不同，貯藏期間品質變化及耐貯藏程度亦有所差異；對不同發酵程度的茶類而言，發酵程度越重者具有較佳之貯藏性（蔡和張，1995）。

　　本研究以臺灣北部茶區內最具代表性的特色茶清香型條形包種茶（文山包種茶）爲材料，並以臺茶12號（金萱）作爲研究品種，模擬消費者購買市售眞空脫氧包裝之文山包種茶後，經開封品飲再以封口夾作爲簡易封口貯藏，探討3年內貯藏過程中對於文山包種茶風味、品質變化結果，佐與科學化分析探究揮發性成分及化學成分於貯藏期間變化之資料。

二、結果

　　本研究材料爲臺茶12號（金萱）品種所製成之文山包種茶，經收樣後以純鋁眞空袋包裝附以封口夾封存，模擬消費者購買市售眞空脫氧包裝之文山包種茶後，經開封品飲再以封口夾作爲簡易封口貯藏過程，茶樣貯藏於茶及飲料作物改良場北部分場製茶工廠二樓茶倉內，全天候開啓除濕裝置，貯藏期間平均溫度爲

25.3±2.3℃，濕度 62.7±5.3%，於貯藏 1、3、6、9、12、18、24、30 及 36 個月時進行感官品評與揮發性成分及化學成分分析。

（一）感官品評變化分析

文山包種茶新鮮茶樣特徵為茶乾顏色墨綠，外型勻整，水色蜜黃明亮，帶有玉蘭花香，蔗糖甜香及臺茶 12 號（金萱）品種特色香的奶油甜香，滋味甘甜滑順鮮爽，本研究於貯藏期間提取文山包種茶樣本，經感官品評結果如下表 2-2-1 所示。

1. 外觀色澤及水色

文山包種茶外觀色澤自貯藏後即開始劣變，至貯藏 12 個月時即開始失去墨綠色澤，貯藏 36 個月時，分數最低達到 7.3 分，茶乾外觀色澤呈現黃化情形，失去文山包種茶外觀色澤標準。另外在茶湯水色方面劣變情形更為明顯，貯藏 6 個月起水色開始變深，有黃紅化情形，隨著時間增加，黃紅化情形更為嚴重，逐漸出現混濁黯淡之水色，至貯藏 36 個月水色分數降至 4.8 分。

2. 風味（香氣、滋味）

經貯藏 1 個月後取出的茶樣品評結果，即可發現，封口夾封存茶樣即有陳味發生，隨著貯藏時間增加而香氣及滋味皆有下降的趨勢，失去文山包種茶原始茶樣之玉蘭花香、甜香及奶油香等標準香氣，貯藏 6 至 9 個月，茶湯水色即開始暗沉，混濁，茶湯滋味除陳味外，雜、澀感出現，貯藏 12 至 24 個月，茶湯失去鮮活性，滋味除陳、雜、澀外，開始出現乾草、油耗等不良氣味，貯藏 30 至 36 個月，茶湯出現不良風味及滋味情形更發嚴重，乾草、油耗、泥土、海苔、雜澀等陳茶不良負面氣味大量出現，貯藏 36 個月時，風味香氣分數降至 3.6 分，滋味分數降至 3.5 分。整體而言，無論香氣、滋味等品質皆隨貯藏時間增加而呈現下降的趨勢。

▼ 表 2-2-1　文山包種茶貯藏不同時間之感官品評結果

貯藏時間（月）	外觀（20%）	水色（20%）	風味		總分 *	敘述
			香氣（30%）	滋味（30%）		
0	8.5	8.5	8.5	8.5	8.5	玉蘭花香、奶油、甜香
1	8.5	8.5	7.1	7.1	7.7	微陳
3	8.5	8.5	6.5	5.7	7.1	微陳

（續表 2-2-1）

貯藏時間（月）	外觀（20%）	水色（20%）	風味		總分*	敘述
			香氣（30%）	滋味（30%）		
6	8.5	6.8	6.2	4.3	6.2	陳雜、水色略暗
9	8.5	5.6	5.4	4.3	5.7	沉雜澀、水色暗
12	8.0	5.6	4.4	4.1	5.3	水色濁、陳雜澀、無鮮活性
18	8.0	4.8	4.9	5.0	5.5	雜澀略陳、乾草、無鮮活
24	7.5	4.8	4.4	4.1	5.0	陳、乾草、玄米、油耗
30	8.0	4.8	3.4	3.5	4.6	雜澀、陳海苔、油耗
36	7.3	4.8	3.6	3.5	4.5	雜苦、油耗、泥土、乾草

* 總分：外觀分數 *0.2+ 水色分數 *0.2+ 香氣分數 *0.3+ 滋味分數 *0.3，4 捨 5 入至小數點後 1 位。

（二）茶湯 pH 值、水分含量及水色的變化

1. 茶湯 pH 值

貯藏 36 個月的茶湯 pH 值表現如圖 2-2-1，隨著貯藏時間之增加，茶湯 pH 值無明顯變化，略有稍微下降之趨勢。

2. 水分含量

茶乾含水量分析結果（圖 2-2-2），在貯藏後第 3 個月茶乾含水量由原始茶樣之 4% 提高至 4.5%，有提升趨勢，貯藏 3 至 18 個月含水量無太大變化，第 24 個月後提高至 5% 左右，似有吸收貯藏環境的水分。

3. 水色

文山包種茶水色的變化如圖 2-2-3，貯藏 9 個月後，L* 值（亮度）即有上升情形，a* 值及 b* 值於貯藏前 3 個月尚無明顯變化，第 6 至 9 個月 a* 值及 b* 值迅速下降，水色有偏綠、黃之趨勢發生，失去文山包種茶茶湯水色品質蜜黃碧綠之基準，惟 b* 值於貯藏第 6 至 30 個月則呈先降後升情形。

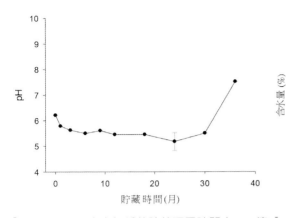

圖 2-2-1　文山包種茶貯藏不同時間之 pH 值變化

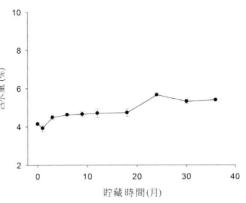

圖 2-2-2　文山包種茶貯藏不同時間之茶湯含水量變化

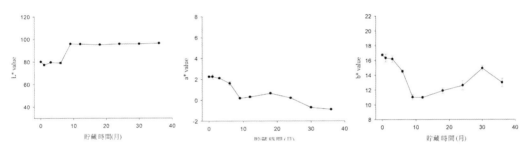

圖 2-2-3　文山包種茶貯藏不同時間之茶湯水色變化

（三）香氣的變化

　　茶葉香氣是茶葉品質的重要指標，而在氧氣的催化下，茶葉的香氣成分在貯藏的過程中會有很劇烈的變化。透過氣相層析質譜儀等高階儀器的輔助，可取得茶葉的香氣輪廓，並透過交叉比對可得知個別香氣成分的變化趨勢。隨著貯藏時間增加，封口夾包裝處理茶樣內揮發性氣味物質總數量皆有上升的趨勢，呼應感官品評結果，其陳雜等不良氣味的出現。分析其揮發性成分變化結果如表 2-2-2，青香香氣成分 Safranal 隨貯藏時間變長而含量上升，Dimethyl sulfoxide 在貯藏 12 個月後開始出現，含量逐漸增加，Hexanal（己醛）、α-Farnesene（α- 法呢烯）、trans-β-Ocimene（β- 紫羅酮）隨貯藏時間變長而含量下降。有關花香成分中 Indole（吲哚）、Linalool（芳樟醇）、trans-Linalool oxide（反 - 氧化芳樟

醇）、Phenylethyl Alcohol 隨時間增加而含量減少，α-Ionone 及 β-Ionone 花香物質隨時間增加而。果甜香香氣成分 1-Pentanol、cis-3-Hexenyl-α-methylbutyrate、cis-3-Hexenyl hexanoate、Benzyl alcohol（苯甲醇）隨時間增加而減少，Methyl hexanoate、dihydroactioidiolide 隨時間增加而增加，γ-Nonalactone、Jasmine lactone 在貯藏第 12 個月後開始出現。其他香氣成分（異雜味）如 Benzaldehyde（苯甲醛）及 2,6-Dimethylcyclohexanol 隨時間增加而增加，各式脂肪酸如 Propionic acid、Pentanoic acid、Octanoic acid 在貯藏 9-12 個月後開始出現。

▼ 表 2-2-2　文山包種茶貯藏不同時間之香氣成分變化

滯留指數	香氣成分	貯藏時間（月）									
		0	1	3	6	9	12	18	24	30	36
	青香成分	------- 平均含量（%）-------									
746	trans-2-Pentenal	0.29	0.76	0.60	0.62	0.71	0.29	0.33	0.16	0.20	0.12
800	Hexanal	6.99	6.06	4.91	5.42	4.74	2.90	3.04	3.46	2.84	1.81
830	Dimethyl sulfoxide	0.00	0.00	0.00	0.00	0.00	0.33	0.22	0.24	0.09	0.25
1047	trans-β-Ocimene	2.22	2.00	1.35	1.01	0.66	0.58	0.32	0.29	0.00	0.00
1193	Safranal	0.50	0.67	0.70	0.70	0.66	0.81	0.90	1.28	1.13	1.25
1508	(E,E)-α-Farnesene	3.62	2.47	1.93	1.21	0.00	0.00	0.00	0.00	0.00	0.00
	花香成分	------- 平均含量（%）-------									
1086	trans-Linalool oxide (furanoid)	1.96	1.73	1.42	1.36	1.14	1.06	1.05	1.16	1.06	0.99
1100	Linalool	1.56	1.55	1.26	1.19	1.03	0.96	0.89	1.02	0.89	0.84
1109	Phenylethyl Alcohol	2.55	2.47	2.04	1.97	1.67	1.99	1.67	1.63	1.33	1.67
1288	Indole	5.13	2.70	1.61	1.21	1.01	1.58	0.92	0.77	0.46	0.68
1424	α-Ionone	0.16	0.19	0.27	0.30	0.28	0.36	0.37	0.52	0.50	0.54
1483	β-Ionone	1.27	1.13	1.50	1.43	1.26	2.57	2.36	3.48	3.29	3.52
	甜香成分	------- 平均含量（%）-------									
1032	Benzyl alcohol	5.36	6.50	5.48	5.28	4.56	4.97	4.80	4.70	4.00	4.87
1357	γ-Nonalactone	0.00	0.00	0.00	0.00	0.00	0.06	0.05	0.06	0.08	0.11
1488	Jasmine lactone	0.44	0.00	0.00	0.00	0.00	0.30	0.18	0.19	0.17	0.27
	果香成分	------- 平均含量（%）-------									
761	1-Pentanol	1.73	1.74	1.70	1.56	1.40	1.31	1.36	1.84	1.66	1.04
924	Methyl hexanoate	0.00	0.00	0.15	0.17	0.22	0.24	0.27	0.30	0.32	0.29
1235	cis-3-Hexenyl-α-methylbutyrate	0.61	0.68	0.49	0.52	0.41	0.37	0.35	0.38	0.31	0.00
1388	Hexyl hexanoate	0.55	0.53	0.42	0.33	0.34	0.34	0.28	0.21	0.20	0.22
1519	dihydroactioidiolide	0.39	0.25	0.42	0.37	0.24	1.47	1.00	2.16	2.45	2.63

（續表 2-2-2）

滯留指數	香氣成分	貯藏時間（月）									
		0	1	3	6	9	12	18	24	30	36
	焙香成分	--------------------------------- 平均含量（%）---------------------------------									
953	Benzaldehyde	1.31	2.11	2.01	2.33	2.97	3.51	3.10	2.42	3.03	3.78
	其他成分（雜異味）	--------------------------------- 平均含量（%）---------------------------------									
720	Propionic acid	0.00	0.00	0.00	0.00	0.43	0.36	0.88	1.48	1.49	1.32
901	Heptanal	1.25	0.98	0.73	0.71	0.86	0.59	0.66	0.52	0.36	0.26
904	Pentanoic acid	0.00	0.00	0.00	0.00	0.32	0.65	1.00	0.77	0.34	0.35
1056	trans-2-Octenal	0.19	0.23	0.29	0.32	0.38	0.20	0.00	0.00	0.00	0.00
1102	2,6-Dimethylcyclohexanol	1.61	2.53	3.24	3.63	3.23	4.85	5.55	7.08	6.85	6.69
1183	Octanoic acid	0.00	0.00	0.00	0.00	0.00	0.31	0.26	0.29	0.28	0.40

（四）化學成分的變化

　　分析文山包種茶總兒茶素、個別兒茶素、沒食子酸及咖啡因在貯藏時間的變化如圖 2-2-4～圖 2-2-8，結果顯示總兒茶素、個別兒茶素、沒食子酸及咖啡因，如含量較高的 EGCG（表沒食子兒茶素沒食子酸酯）、EGC（表沒食子兒茶素）皆無隨時間而有顯著變化。

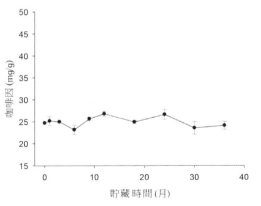

圖 2-2-4　文山包種茶貯藏不同時間之咖啡因含量變化

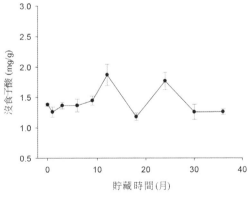

圖 2-2-5　文山包種茶貯藏不同時間之沒食子酸含量變化

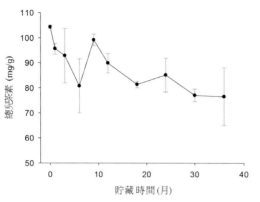

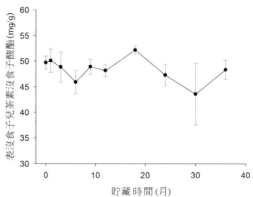

▎ 圖 2-2-6　文山包種茶貯藏不同時間之總兒茶 ▎ 圖 2-2-7　文山包種茶貯藏不同時間之 EGCG
素含量變化　　　　　　　　　　　　　含量變化

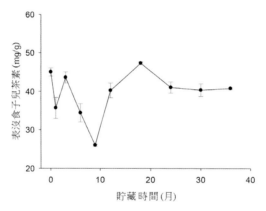

▎ 圖 2-2-8　文山包種茶貯藏不同時間之 EGC 含
量變化

三、討論

　　綜合感官品評、水分含量、茶湯水色測定、香氣成分及化學成分分析之結果
顯示，文山包種茶（臺茶 12 號）包裝袋經開封後以簡易封口夾處理，不適合作爲
貯藏方法，因包裝內部氧氣的含量及氧氣的通透性是影響文山包種茶保存的重要因
素。因此，未能有效隔絕外界空氣的封口夾處理，隨著貯藏時間的增長，茶樣的劣

變情形更加嚴重，尤其是在無法控制溫濕度及光線的環境中，文山包種茶會迅速變質，建議仍以鋁袋加脫氧劑真空方式保存較佳。

　　文山包種茶為孔隙多且為條形的茶，其與空氣的接觸面積大，很容易受潮與吸附空氣中的水氣、氧氣最後導致茶葉變質，且因為是條形茶葉，不能使用完全真空包裝，因此茶農或茶商多採用鋁箔或鍍鋁之茶葉包裝袋作為包裝資材，輔以輕微抽氣，不破壞茶葉形狀，另加上脫氧劑或乾燥劑方式，來延長文山包種茶之風味及保存期。

　　消費者購買文山包種茶後，通常不會馬上品飲完畢，開封後之包裝多會以封口夾或其他夾狀的工具，作為簡易密封包裝袋使用，以便下次再行開封取出茶葉，這種方式雖然簡便，但如果因為貯藏環境不良，常因為環境溫度、濕度等原因劣變，影響到茶葉品質，且因為封口夾包裝不能完全阻隔包裝袋內外空氣流通，尤其是氧氣，因而造成後續貯藏品質將緩慢漸進地劣變，很難維持文山包種茶原來的新鮮品質。因此，本研究模擬消費者購買文山包種茶並開封後於不同時間之茶葉品質變化，經研究結果顯示，封口夾包裝不適合作為文山包種茶貯藏方式，隨著貯藏時間增加而香氣及滋味皆有下降趨勢，失去文山包種茶原始茶樣之玉蘭花香、甜香及奶油香等標準香氣，對照感官品評、茶葉化學成分及香氣成分後可發現，封口夾包裝對於文山包種茶之影響，經貯藏 1 個月後即開始產生陳味，雖然此時之茶湯水色，茶乾含水量，化學成分皆無變化，但是在香氣成分分析上即可觀察到，許多影響茶葉的負面香氣成分皆開始增加，例如 Benzaldehyde（苯甲醛）及 2,6-Dimethylcyclohexanol、Methyl hexanoate、dihydroactioidiolide 及 Safranal 等，如苯甲醛所代表香氣為杏仁油脂味，這或許是文山包種茶失去鮮活性產生陳味之初始氣味。

　　隨著貯藏時間增加，除了上述負面香氣成分持續增加外，代表文山包種茶香氣成分之青、花香香氣成分 Hexanal（己醛）、α-Farnesene（α-法呢烯）、trans-β-Ocimene（β-紫羅酮）、Indole（吲哚）、Linalool、trans-Linalool oxide（反-氧化芳樟醇）、Phenylethyl Alcohol 香味物質隨時間增加而減少，尤其是具有花香之 α-Farnesene（α-法呢烯）在貯藏 1 月後即迅速下降，6 個月後即消失不見，Indole（吲哚）貯藏 3 個月含量僅剩四分之一，皆可呼應感官品評失去文山包種茶鮮活性及香氣特色之結果。此外，與貯存過程中的氧化作用有關之揮發性物質 α-Ionone

及 β-Ionone 等香味物質隨時間增加而出現，各式脂肪酸如 Propionic acid、Pentanoic acid、Octanoic acid 在貯藏 9～12 個月後開始出現，在感官品評上也可開始發現此時文山包種茶開始產生劇烈負面變化，出現雜、澀、陳、油耗味、泥土、乾草等不良氣味，大大降低文山包種茶的品質。隨著貯藏時間增加，封口夾茶樣內揮發性氣味物質總數量皆有上升趨勢，呼應品評結果，陳雜等不良氣味的出現。此結果符合何（1991）認為充氮、真空或是脫氧劑等包裝可以減緩包種茶貯藏期間之香氣、滋味等品質變化之研究結果。

兒茶素為化性活潑且不安定的成分，茶葉在貯藏過程中可能由於兒茶素的「自動氧化」而致品質劣變；或由於茶葉中殘存之多元酚氧化酵素或過氧化酵素作用，導致兒茶素繼續氧化，也會促使其他茶葉香味成分（如脂肪族化合物）再氧化，導致異味生成，即是典型之油耗味、陳味，且兒茶素氧化後結合茶葉中其他成分（如胺基酸類），進行非酵素性褐變反應，使茶湯變混濁，另外茶葉所含脂肪酸（fatty acid）與類胡蘿蔔素（carotenoids）對茶葉香氣扮演很重要角色，兩者都很容易自動氧化，而產生醛、醇、酮類等揮發性成分，而這些成分也是導致茶葉陳味、油耗味、油雜味生成主因。在 Springet et al.（1994）研究結果也可呼應此情形，將阿薩姆紅茶置於含有空氣之包裝中貯放 48 週，hexanal、(E)-2-octenal、(E, Z)-2, 4-heptadienal、(E, E)-2, 4-heptadienal、β-cyclocitral 及 β-ionone 等六種成分明顯增加，而真空包裝之茶樣則與原始茶樣相近，顯示這些香氣成分的改變與茶葉貯存過程中的氧化降解有關。(E, E)-2.4-heptadienal 是陳茶特有的成分，是由亞麻酸和亞油酸等不飽和脂肪酸氧化生成的，它是構成陳茶風味的主要化合物之一，表現為類似大豆油的酸敗刺激味。

相關茶葉貯藏試驗文獻報告結果亦顯示綠茶在貯藏期間 1-penten-3-ol（1- 戊烯 -3- 醇）、cis-2-penten-l-ol（順 -2- 戊烯 -1- 醇）、trans-2-cis-4-heptadienal（反 -2-順 -4- 庚二烯）和 trans-2-trans-4-heptadienal（反 -2- 反 -4- 庚二烯）會增加。胡蘿蔔素氧化形成的紫羅蘭酮衍生物，如 α-ionone（α- 紫羅蘭酮）、β-ionone（β- 紫羅蘭酮）、β-cyclocitral（β- 環檸檬醛）、5,6-epoxy-β-ionone（5,6- 環氧 -β- 紫羅蘭酮）和揮發性類物質會略為增加。烏龍茶在貯藏過程中，長鏈的酸跟醇會分解，短鏈酸及醯胺衍生物、含氮化合物會生成，如 N-ethylsuccinimide（正乙基琥珀醯亞胺）、2-acetylpyrrole（2- 乙醯基吡咯）、2-formylpyrrole（2- 甲醯基吡咯）、

3-pyridinol（3- 吡啶醇）是老烏龍茶的典型成分之一。紅茶在貯存過程中 hexanal
（己醛）、trans-2-octenal（反 -2- 辛烯醛）、trans-2,4-heptadienal（反 -2,4- 庚二烯
醛）、cis-2,4-heptadienal（順 2,4- 庚二烯醛）、β-cyclocitraland（β - 環檸檬烯）、
β -ionone（β - 紫羅蘭酮），等芳香族揮發物質含量會明顯增加，可作爲區分不同
保存時間的紅茶指標（Zheng et al., 2016; Ho et al., 2015）。

　　吳等（1976）以煎茶爲試驗材料進行貯藏試驗，結果顯示煎茶充氮包裝於常溫
貯藏下，除對色澤無明顯之保存效果外，對香味及維生素 C 之保存頗具效果。球
形及條形包種茶葉以眞空雙層包裝，並輔以低溫貯藏（尤以 -20℃ 低溫貯藏），能
有效減緩包種茶葉劣變及可抑制茶葉含水量之增加，並可保存成茶香氣，及茶湯色
澤不易變深（吳，1987；吳，1988）。包種茶以充氮、眞空或是脫氧劑包裝可以減
緩茶葉貯藏期間之香氣、滋味等品質變化（何等，1991）。碎形紅茶若採用防潮性
防氣性良好之包裝材料，並保持其水分含量低於 5%，則輕度發酵或者重度發酵之
茶葉皆可保持其品質達一年以上；若採用低溫貯藏，雖能長期（一年以上）保持其
品質，但成本較高（阮和吳，1979）。

　　蔡等（2011）以不同年分文山包種茶使用固相微萃法探討香氣成分，發現文山
包種茶各年分成茶含有 Acetic acid 等 10 種新茶不含有的香氣成分，而 hexanal 等 8
種新茶特有香氣成分，會隨貯藏年分增加而遞減。楊等（2013）發現不同年分文山
包種茶隨貯藏時間增加，總兒茶素有下降的趨勢，並以游離兒茶素下降較爲明顯，
沒食子酸及咖啡因則有先增加後減少的趨勢。陳等（1998）指出青心烏龍及臺茶
12 號包種茶分別有 6 及 4 種成分如 dimethyl sulfide、ethyl acetate、2-hexanone 及
trans-2-hexenal 等含量隨貯藏時間增加而下降，5 及 6 種如 propionaldehyde、acetic
acid 之含量增加。

　　另外本研究結果顯示，總兒茶素、個別兒茶素、沒食子酸及咖啡因，如含量較
高的 EGCG（表沒食子兒茶素沒食子酸酯）、EGC（表沒食子兒茶素）等皆無隨時
間或包裝處理而有顯著變化，推測原因爲本研究樣品貯藏空間避光，溫濕度變化不
明顯，且恆溫低濕的茶倉場域，爲一茶葉良好的貯藏環境，其環境強度尙對於茶葉
中兒茶素等含量影響較小，不過仍需再經過更長時間的觀察及其他實驗佐證，方能
定論。

　　香氣物質或可作爲文山包種茶貯藏過程中品質變化的判斷指標，尤其是

Benzaldehyde（苯甲醛），經過封口夾包裝貯藏一個月後即出現，可作爲第一時間判斷文山包種轉陳變質的揮發性物質，Benzaldehyde（苯甲醛）、β-cyclocitral（β-環檸檬醛）、1-Octen-3-ol（蘑菇醇）、3,5-Octadien-2-one（3,5-辛二烯-2-one）、Phenylethyl Alcohol（β-苯乙醇）、β-Ionone（β-紫羅酮）等與貯存過程中的氧化作用有關之揮發性物質可作爲判斷不同保存時間的文山包種茶指標。α-Farnesene（α-法呢烯）的存在也可作爲文山包種茶是否保持品質的判斷因子。

綜合感官品評、水分含量、茶湯水色測定、香氣成分及化學成分分析之結果顯示，文山包種茶包裝袋經開封後以簡易封口夾處理，不適合作爲貯藏方法，包裝內部氧氣的含量及氧氣的通透性，是影響文山包種茶保存的重要因素，因此未能有效隔絕外界空氣的封口夾處理，隨著貯藏時間的增加，茶樣的劣變情形發生更爲嚴重，尤其是在無法控制溫濕度及光線的環境中，文山包種茶將迅速變質，建議仍以鋁袋眞空加脫氧劑方式保存較佳。

四、參考文獻

1. 何信鳳、蔡永生、吳文魁。1991。利用脫氧劑保存茶葉品質之研究。臺灣省茶業改良場 80 年年報 pp.146-149。

2. 阮逸明、吳振鐸。1979。不同發酵程度與不同包裝貯藏法對保存碎形紅茶品質之影響。臺灣省茶業改良場 68 年年報 pp.67-69。

3. 吳振鐸、阮逸明、葉速卿、吳傑成。1976。煎茶充氮包裝貯藏期間主要化學成分變化與品質之關係研究。臺灣省茶業改良場 65 年年報 pp.93-96。

4. 吳傑成。1987。茶葉眞空包裝與貯藏技術之研究。臺灣省茶業改良場 76 年年報 pp.49-61。

5. 吳傑成。1988。茶葉眞空包裝與貯藏技術之研究（二）。臺灣省茶業改良場 77 年年報 pp.46-52。

6. 陳淑莉、區少梅。1998。包種茶香氣之描述分析。食品科學 25: 700-713。

7. 楊美珠、李志仁、陳國任、陳右人。2013。貯放時間對包種茶品質相關化學成分之影響。第二屆茶業科技研討會專刊 pp.169-182。

8. 蔡永生、張如華。1995。茶葉之包裝貯藏。茶業技術推廣手冊 - 製茶篇。

臺灣省茶業改良場 pp.65-80。

9.　蔡怡婷、蔡憲宗、郭介煒。2011。文山包種茶不同年份茶葉品質變化之研究。嘉大農林學報 8(1): 67-79。

10.　Friedman, M., Levin, C. E., Lee, S. U. and Kozukue, N. 2009. Stability of green tea catechins in commercial tea leaves during storage for 6 months. J. Food Sci. 74: 47-51.

11.　Horita, H. 1987. Off-flavor components of green tea during preservation. Jpn. Agric. Res. Q. 21: 192-197.

12.　Ho, C. T., Zheng, X. and Li, S. 2015. Tea aroma formation. Food Sci. 4: 9-27

13.　Springett, M.B.,Williams, B. M. and Barnes, R. J. 1994. The effect of packaging conditions and storage time on the volatile composition of Assam black tea leaf. Food Chem. 49: 393-398.

14.　Wang, L. F., Lee, J. Y., Chung, J. O., Baik, J. H., So, S. and Park, S. K. 2008. Discrimination of teas with different degrees of fermentation by SPME-GC analysis of the characteristic volatile flavor compounds. Food Chem. 109: 196-206.

15.　Zheng et al. 2016. Recent advances in volatiles of teas. Molecules. 21(338): 1-12.

不同貯藏時間之清香烏龍茶品質及化學成分變化

簡靖華、黃宣翰、林儒宏、黃正宗

一、前言

　　清香烏龍茶爲臺灣重要特色茶類之一，所謂清香烏龍茶（高山烏龍茶）指海拔 1,000 公尺以上茶園所產製的半球形或球形烏龍茶，因高山氣候冷涼，早晚雲霧籠罩，平均日照短，茶樹芽葉所含兒茶素類等苦澀成分較低，茶胺酸及可溶氮等對甘味有貢獻之成分含量提高，且芽葉柔軟，葉肉厚，果膠質含量高，因此清香烏龍茶具有色澤翠綠鮮活，滋味甘醇滑軟，厚重帶活性，香氣淡雅，水色蜜綠顯黃及耐沖泡等特色。清香烏龍茶主要產區分布於中央山脈、阿里山山脈、玉山山脈、雪山山脈及臺東山脈等，臺灣中、南部山區種植生產面積最多，近年來北部山區亦開始生產清香烏龍茶。目前主要茶區包含桃園市復興區；新竹縣五峰鄉及尖石鄉；苗栗縣泰安鄉及南庄鄉；臺中市和平區；南投縣仁愛鄉、信義鄉、竹山鎮及鹿谷鄉；雲林縣古坑鄉；嘉義縣梅山鄉、竹崎鄉、番路鄉及阿里山鄉等，常見栽培品種包含青心烏龍、臺茶 12 號及臺茶 20 號等。清香烏龍茶於精製過程中並無經過長時間高溫烘焙，因此能保留較多茶葉之花香及甜香。

二、結果

　　試驗材料爲民國 105 年（2016）購自南投縣竹山鎮杉林溪茶區之春季清香烏龍茶，品種爲青心烏龍，以不透光茶葉包裝袋及封口夾包裝，模擬消費者購買茶葉開封後之常見貯藏方式，樣品貯藏於室溫，貯藏期間平均溫度爲 25.4±1.8℃，濕度 67.4±8.5%，於貯藏 3 年間定期進行感官品評、香氣成分及相關化學成分分析。

（一）感官品評變化分析

　　清香烏龍茶貯藏 3 年期間感官品評變化如表 2-3-1。清香烏龍茶特色爲外觀色澤墨綠圓緊，帶有清花香、蔗糖香、微豆香，滋味甘甜鮮爽而圓潤，水色蜜綠顯黃且澄清透亮。貯藏期間茶葉持續接觸空氣，因氧化反應導致感官品質及化學成分隨著貯藏時間而逐漸產生變化。

1. 外觀色澤及水色

　　茶葉外觀色澤在貯藏時間變化較小，外觀仍維持墨綠但光澤度稍有降低，與新

鮮茶樣相較差異並不明顯。

2.　風味（香氣、滋味）

　　清香烏龍茶經過 1 個月的貯藏後已產生些微陳雜味，品評總分迅速由 7 分降爲 6.4 分；3 個月後出現帶有刺激性之陳雜味，茶湯滋味微澀，品評總分降爲 6.0 分；貯藏 6 個月後刺激性之陳味更爲明顯，經過 9 個月貯藏後依然具有刺激性之陳味，但茶湯滋味轉爲甘甜；貯藏 24 個月後陳雜氣味之刺激感降低，茶湯出現微酸口感，經過 30 個月貯藏後除了陳雜味亦出現熟果香氣，茶湯滋味濃稠度轉淡且略帶甜感，品評分數呈現最低 5.6 分；貯藏 36 個月時陳雜味明顯，滋味轉淡且有陳年茶之微酸香，然而香氣及滋味感受略爲好轉，故品評分數上升至 6.2 分。香氣及滋味評分於貯藏第 1 個月即明顯下降，第 3 個月開始香氣及滋味分數與新鮮茶樣已有較大之差距，顯示清香烏龍茶在開封後未眞空的狀態下，因氧化作用的進行，在短時間之內即會對香氣及滋味產生影響，改變其原來之感官品質狀態。

▼ 表 2-3-1　清香烏龍茶貯藏不同時間之感官品評結果

貯藏時間（月）	外觀（20%）	水色（20%）	風味		總分 *	敘述
			香氣（30%）	滋味（30%）		
0	7.0	7.0	7.0	7.0	7.0	清花香、蔗糖香、微豆香、甘甜
1	7.0	7.0	5.5	6.5	6.4	稍陳雜
3	6.9	6.7	5.0	5.8	6.0	刺激性陳雜味、微澀
6	7.0	6.7	5.5	5.8	6.1	刺激性陳味
9	6.9	6.9	5.1	5.5	5.9	刺激性陳味、甘甜
18	7.0	6.8	5.3	6.1	6.2	陳雜味
24	6.8	6.3	5.8	6.2	6.2	悶味、陳味、雜味、微酸
30	6.8	5.5	5.0	5.6	5.6	陳雜味、熟果香、甜淡、微酸香
36	6.9	6.9	5.7	5.9	6.2	陳雜味重、滋味淡、微酸香

* 總分：外觀分數 *0.2+ 水色分數 *0.2+ 香氣分數 *0.3+ 滋味分數 *0.3，4 捨 5 入至小數點後 1 位。

（二）茶湯 pH 值、水分含量及水色的變化

　　清香烏龍茶貯藏 36 個月期間 pH 值、水分含量及水色變化的如圖 2-3-1～圖 2-3-3。

1. 茶湯 pH 值

在未密封狀態下茶湯之 pH 值於前 12 個月變化極大，至第 18 個月後開始有隨著貯藏時間增加逐漸下降的趨勢，顯示在 12 個月貯藏期間茶葉處於較不穩定的狀態，而後隨著貯藏時間增加，其變化較為穩定且趨勢較明顯，經過 36 個月的貯藏之後，pH 值由 5.4 變為 5.6，差異並不顯著。

2. 水分含量

以封口夾進行包裝無法完全將茶葉與空氣隔絕，因此環境中的水分容易被茶葉吸收，由含水量變化曲線觀察貯藏至第 12 個月後明顯逐漸增加，第 24 個月時含水量已超過 5%，經過 36 個月的貯藏，茶葉含水量由 2.9% 增加至 5.8%。

3. 水色

本試驗採用 CIE Lab* 色彩空間的模型來表示茶湯水色變化，此模型以 3 種數值表達色彩：

L*：代表顏色的明亮程度。L* = 0 表示黑色，而 L* = 100 表示白色。

a*：表示紅色和綠色之間的位置。正值表示紅色，負值表示綠色。

b*：表示黃色和藍色之間的位置。正值表示黃色，負值表示藍色。

L* 在前 12 個月貯藏期間變化較小，在第 18 個月時明顯下降，a* 於貯藏第 18 個月時亦大幅度降低，其後變化幅度較小，b* 於貯藏前 9 個月持續下降，其後開始明顯上升，至第 18 個月後再度明顯下降，由此可知清香烏龍茶於 36 個月貯藏期間水色呈現動態變化，明亮度降低為最明顯之差別。

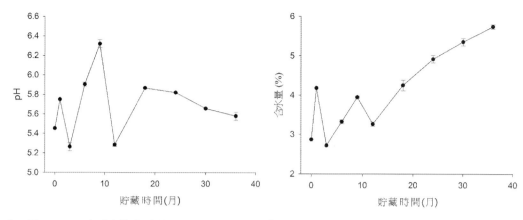

圖 2-3-1　清香烏龍茶貯藏不同時間之 pH 值變化

圖 2-3-2　清香烏龍茶貯藏不同時間之水分含量變化

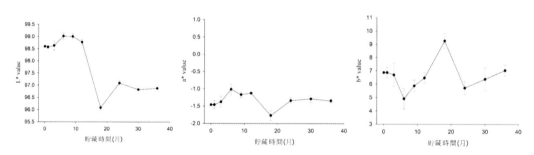

圖 2-3-3　清香烏龍茶貯藏不同時間之水色變化

（三）香氣的變化

　　清香烏龍茶發酵程度較輕，特色為具有清雅花香，在貯藏過程中因氧化反應的關係，其中的揮發性香氣成分也會產生變化。依茶改場推出的臺灣特色茶風味輪 2.0 版的香氣成分分類，將茶的香氣分 6 大類型，包含青香、花香、甜香、果香、焙香和其他。依上述分類將清香烏龍茶貯藏過程中香氣成分的變化條列如表 2-3-2。

1. 青香

　　有些成分是開封後才出現的，如 trans-2-Methyl-2-butenal、trans-2-Pentenal、trans-2-Hexenal、trans-2-Hexenol、1-Hexanol、2-Pentylfuran 等，隨著貯藏時間增加而減少的成分為 trans-2-Pentenal、trans-β-Ocimene、Methyl salicylate 及 (E,E)-α-Farnesene 等，另隨著貯藏時間越長而明顯增加的香氣成分為 1-Penten-3-ol、cis-2-

Pentenol、trans-3-Hexenol 及 Safranal 等。

2. 花香

花香成分大多隨著貯藏時間增加而逐漸減少，如 Phenylacetaldehyde、cis-Linalool oxide (furanoid)、trans-Linalool oxide (furanoid)、Linalool、Benzyl nitrile、cis-Linalool oxide (pyranoid)、trans-Geraniol、Indole 及 cis-Jasmone 等，而 5-Ethenyldihydro-5-methyl-2(3H)-furanone、α-Ionone 及 β-Ionone 則是開封後才出現，且有逐漸增加之趨勢。

3. 甜香

甜香成分包含 Benzyl alcohol 及 Hotrienol 在開封後逐漸減少。

4. 果香

果香成分多數隨著貯藏時間增加而逐漸增加，如 1-Pentanol、2-Heptanone、Methyl hexanoate、2,2,6-Trimethylcyclohexanone、2,4-Xylylaldehyde 及 Dihydroactinidiolide 等，但 3-Methylbutanal、cis-3-Hexenyl-α-methylbutyrate、cis-3-Hexenyl hexanoate 及 Hexyl hexanoate 則隨著貯藏時間增加而減少。

5. 焙香

焙香成分包含 1-Ethyl-1H-Pyrrole、Benzaldehyde 及 1-Ethyl-1H-pyrrole-2-carboxaldehyde，於貯藏期間呈現增加之趨勢。

6. 其他

其他雜異味成分多數於貯藏後逐漸增加，包含具有脂味的成分如 Propanoic acid、Pentanoic acid、Hexanoic acid 及 3,5-Octadienone isomer1 等，以及具木質味的 2,6,6-Trimethyl-2-cyclohexene-1,4-dione 及 β-Cyclocitral。

▼ 2-3-2　清香烏龍茶貯藏不同時間之香氣成分變化

滯留指數	香氣成分	貯藏時間（月）								
		0	1	3	6	9	18	24	30	36
	青香成分	------------------------------ 平均含量（%）------------------------------								
691	1-Penten-3-ol	0.45	2.50	1.29	1.32	3.79	3.71	4.14	3.28	3.74
735	trans-2-Methyl-2-butenal	0.00	0.00	0.00	0.00	0.00	0.37	0.28	0.25	0.20
746	trans-2-Pentenal	0.00	0.69	0.60	0.60	0.50	0.26	0.09	0.15	0.05

（續表 2-3-2）

滯留指數	香氣成分	貯藏時間（月）								
		0	1	3	6	9	18	24	30	36
765	cis-2-Pentenol	0.26	1.45	1.44	1.40	2.61	3.02	3.22	3.07	3.49
800	Hexanal	1.02	4.82	4.43	4.38	6.06	4.19	2.66	2.59	2.05
847	trans-2-Hexenal	0.00	0.35	0.32	0.43	0.32	0.33	0.31	0.37	0.19
851	trans-3-Hexenol	1.55	3.43	1.42	1.44	2.55	2.08	2.45	2.02	2.09
864	trans-2-Hexenol	0.00	0.31	0.19	0.14	0.23	0.13	0.16	0.27	0.27
867	1-Hexanol	0.00	0.48	0.00	0.23	0.44	0.31	0.39	0.35	0.30
986	6-Methyl-5-hepten-2-one	3.29	4.39	2.21	2.53	3.63	3.19	3.38	2.89	3.11
990	2-Pentylfuran	0.00	2.03	2.06	2.09	2.64	2.51	2.99	1.69	2.45
1047	trans-β-Ocimene	4.61	2.26	1.63	0.97	0.53	0.00	0.00	0.00	0.00
1188	Methyl salicylate	1.63	1.55	1.27	1.19	0.75	0.65	0.60	0.53	0.44
1193	Safranal	0.41	0.45	0.45	0.44	0.53	0.79	1.16	1.13	1.58
1508	(E,E)-α-Farnesene	17.25	8.37	7.38	0.00	0.00	0.00	0.00	0.00	0.00
	花香成分	------------------------------ 平均含量（%）------------------------------								
1036	5-Ethenyldihydro-5-methyl-2(3H)-furanone	0.00	0.00	0.30	0.41	0.60	0.65	0.64	0.54	0.60
1039	Phenylacetaldehyde	0.83	0.84	0.89	1.05	0.67	0.79	0.69	0.71	0.58
1069	cis-Linalool oxide (furanoid)	3.07	4.14	0.00	0.00	0.00	0.00	0.00	0.00	0.00
1086	trans-Linalool oxide (furanoid)	3.12	2.64	1.98	2.07	2.01	2.08	1.99	1.79	1.81
1100	Linalool	12.45	12.26	6.31	6.58	5.79	4.73	4.67	4.05	4.20
1109	Phenylethyl Alcohol	1.50	1.86	1.43	1.67	1.26	1.30	1.42	1.52	1.58
1135	Benzyl nitrile	1.00	0.89	0.89	0.90	0.60	0.60	0.62	0.58	0.61
1172	cis-Linalool oxide (pyranoid)	1.83	0.99	1.12	0.86	0.66	0.63	0.65	0.53	0.51
1257	trans-Geraniol	0.00	2.50	1.89	1.14	0.78	0.69	0.55	0.55	0.46
1288	Indole	6.85	2.13	3.52	2.41	0.84	0.88	0.70	0.63	0.42
1395	cis-Jasmone	1.07	0.35	1.20	0.93	0.48	0.42	0.33	0.39	0.31
1424	α-Ionone	0.00	0.00	0.35	0.50	0.53	0.87	0.81	0.94	0.97
1453	trans-Geranylacetone	0.00	0.00	0.26	0.33	0.22	0.27	0.21	0.29	0.26
1483	β-Ionone	0.00	0.57	3.25	3.61	2.10	3.76	3.21	4.26	3.48
	甜香成分	------------------------------ 平均含量（%）------------------------------								
1032	Benzyl alcohol	2.12	1.89	1.45	1.37	1.52	1.29	1.26	1.15	1.23
1050	γ-Hexanolactone	0.00	0.00	1.26	1.02	0.00	0.00	0.00	0.00	0.00
1104	Hotrienol	2.65	1.96	0.00	0.00	0.00	0.00	0.00	0.00	0.00
	果香成分	------------------------------ 平均含量（%）------------------------------								
683	3-Methylbutanal	0.14	0.22	0.08	0.06	0.11	0.06	0.04	0.04	0.00
761	1-Pentanol	0.26	0.75	0.70	0.65	1.08	1.14	1.22	1.13	1.24

（續表 2-3-2）

滯留指數	香氣成分	貯藏時間（月）								
		0	1	3	6	9	18	24	30	36
889	2-Heptanone	0.00	0.00	0.10	0.16	0.27	0.31	0.33	0.31	0.35
924	Methyl hexanoate	0.00	0.00	0.00	0.00	0.19	0.22	0.25	0.22	0.21
1002	Octanal	0.00	0.44	1.07	0.87	0.00	0.00	0.00	0.00	0.00
1023	Limonene	0.00	1.02	0.63	0.53	1.00	0.00	0.00	0.42	2.04
1028	2,2,6-Trimethylcyclohexanone	0.42	0.70	0.55	0.51	0.91	1.22	1.54	1.38	1.70
1168	2,4-Xylylaldehyde	0.00	0.00	0.00	0.00	0.00	0.57	0.46	0.41	0.37
1235	cis-3-Hexenyl-α-methylbutyrate	0.66	0.76	0.52	0.51	0.47	0.57	0.45	0.00	0.00
1253	β-Homocyclocitral	0.00	0.00	0.19	0.19	0.17	0.14	0.13	0.10	0.10
1383	cis-3-Hexenyl hexanoate	5.47	2.10	3.46	2.63	1.50	0.95	0.62	0.56	0.44
1388	Hexyl hexanoate	1.36	0.61	0.89	0.74	0.42	0.25	0.18	0.18	0.12
1519	Dihydroactinidiolide	0.00	0.00	0.75	1.12	0.00	1.63	1.74	3.13	1.67
	焙香成分	------------------------------ 平均含量（%）------------------------------								
811	1-Ethyl-1H-Pyrrole	0.00	0.00	0.09	0.09	0.12	0.10	0.11	0.11	0.15
953	Benzaldehyde	0.19	1.01	1.15	1.69	1.44	1.71	2.06	2.00	1.46
1044	1-Ethyl-1H-pyrrole-2-carboxaldehyde	0.00	0.00	0.16	0.17	0.18	0.25	0.34	0.36	0.41
	其他成分（雜異味）	------------------------------ 平均含量（%）------------------------------								
720	Propanoic acid	0.00	0.00	0.00	0.00	0.00	0.00	0.00	1.29	1.97
899	4-Heptenal	0.00	0.31	0.30	0.49	0.47	0.29	0.00	0.00	0.00
901	Heptanal	0.29	0.57	0.45	0.50	0.58	0.35	0.00	0.00	0.00
903	Pentanoic acid	0.00	0.00	0.00	0.00	0.00	0.00	0.00	0.04	0.47
942	1-(2-methylcyclopent-2-en-1-yl)ethanone	0.00	0.00	0.00	0.10	0.12	0.09	0.00	0.00	0.00
970	Heptanol	0.00	0.00	0.17	0.17	0.30	0.30	0.24	0.25	0.23
979	3-Octenol	0.00	0.60	0.53	0.57	0.68	0.74	0.82	0.77	0.84
995	(E,Z)-2,4-Heptadienal	0.00	1.35	1.32	1.61	0.72	0.39	0.31	0.48	0.00
1005	Hexanoic acid	0.00	0.00	0.00	0.33	1.17	3.35	1.97	3.67	2.22
1020	p-Cymene	0.00	0.00	0.00	0.00	0.20	0.28	0.28	0.00	0.00
1038	3-Octen-2-one	0.00	0.00	0.00	0.00	0.27	0.28	0.27	0.00	0.00
1056	trans-2-Octenal	0.00	0.37	0.42	0.41	0.00	0.00	0.00	0.00	0.00
1072	3,5-Octadienone isomer1	0.00	0.00	4.41	5.79	7.05	7.00	6.45	5.92	4.58
1091	3,5-Octadienone isomer2	0.00	0.41	0.83	1.45	1.59	2.20	2.60	2.52	2.79
1139	2,6,6-Trimethyl-2-cyclohexene-1,4-dione	0.00	0.00	0.19	0.30	0.35	0.47	0.58	0.59	0.74
1215	β-Cyclocitral	0.50	1.73	1.79	1.97	2.86	2.96	3.02	2.67	2.69

（四）化學成分的變化

沒食子酸（Gallic acid, GA）為茶葉中主要的酚酸，也是合成酯型兒茶素不可缺少的物質，其本身帶有酸澀味。清香烏龍茶在貯藏過程中，沒食子酸含量呈現波浪狀變化，於貯藏前期略有下降，貯藏第 9 至第 24 個月則大幅增加，於第 30 個月下降後含量再度上升，由整個貯藏期間之變化曲線可知隨著貯藏時間增加雖沒食子酸含量有所增減，但整體看來其含量仍高於新鮮茶樣（圖 2-3-4）。咖啡因含量於貯藏期間雖含量略有變化，但最終與新鮮茶樣並無太大差異，顯示咖啡因在 36 個月貯藏過程中含量變化較為穩定（圖 2-3-5）。

表兒茶素沒食子酸酯（ECG）與表沒食子兒茶素沒食子酸酯（EGCG）屬於酯型兒茶素，一般認為其澀味感受程度較明顯，在貯藏前 12 個月其含量有較大變化，於第 12 個月後逐漸增加，至第 24 個月後稍微下降，但仍高於新鮮茶樣（圖 2-3-6、圖 2-3-7）。

觀察總兒茶素變化情形與表兒茶素沒食子酸酯及表沒食子兒茶素沒食子酸酯相近，但貯藏 36 個月後含量與新鮮茶樣無明顯差異（圖 2-3-8），顯示貯藏過程中個別兒茶素因氧化聚合反應各有增減，但兒茶素之總量則未能顯現出明顯差異。

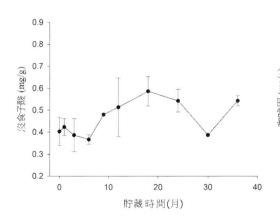

圖 2-3-4　清香烏龍茶貯藏不同時間之沒食子酸含量變化

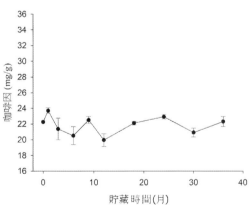

圖 2-3-5　清香烏龍茶貯藏不同時間之咖啡因含量變化

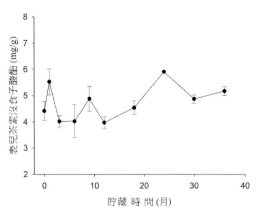

圖 2-3-6　清香烏龍茶貯藏不同時間之 ECG 含量變化

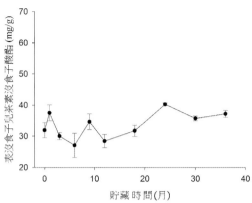

圖 2-3-7　清香烏龍茶貯藏不同時間之 EGCG 含量變化

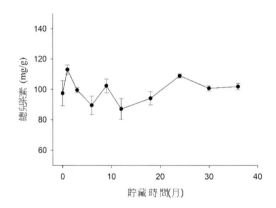

圖 2-3-8　清香烏龍茶貯藏不同時間之總兒茶素含量變化

三、討論

　　茶葉在貯藏過程中，若無法隔絕空氣，容易吸收氧氣及濕氣，產生各種化學反應，導致茶葉香氣及滋味產生轉變甚至劣變，貯藏期間之變化情形依不同發酵程度與製程亦有所差異，貯藏環境亦會造成不同的品質變化，故茶葉的保鮮與貯藏為許多研究人員關注的重點。

　　本試驗感官品評採標準評鑑沖泡方式，各項化學成分分析則採總量分析方式，故分析數據與感官品評結果可能有所差異，合先敘明。

　　根據感官品評結果，在貯藏 24 個月後可感受到茶湯出現微酸感，然而對照 pH 值分析結果並無明顯下降趨勢，人體感官受到各項複雜因子綜合影響，故可能與分析數值無法完全呼應。

　　水分含量為影響茶葉品質及保存之重要影響因素之一，含水量於 4%～5% 為貯藏之最佳狀態（石等，2011），茶葉的含水量對其成分的變化影響甚大，水分含量愈高陳化速度愈快（汪等，2005）；以封口夾進行包裝無法完全將茶葉與空氣隔絕，因此環境中的水分容易被茶葉吸收，清香烏龍茶貯藏期間持續吸收空氣中水分，於貯藏 12 個月後水分含量高於 5%，對於品質已產生不良影響。

　　綜整香氣成分的變化，清香烏龍茶在貯藏期間花香及甜香成分會逐漸減少，果香、焙香及其他成分在貯藏期間則有逐漸增加之趨勢。戴等（2017）的研究指出茶葉的揮發性成分會因包裝方式及貯藏溫度而異，而且隨著貯藏時間的增加不斷地改變；(E)-β-ocimene 具有甜香、α-Farnesene 具有花香、Indole 具有葡萄柚皮與溫和花香（陳和區，1998），與帶有花香、甜香的芳樟醇（Linalool）及其氧化物、帶有青香、果香與脂香的 (Z)-3-Hexenyl hexanoate 等揮發性成分為烏龍茶及綠茶的主要香氣成分（周，2006），在本試驗中這些成分多數在貯藏期間減少甚至消失。

　　黃等（2020）研究結果指出 (E)-2-Pentenal、1-Pentanol、Hexanal、2-Heptanone、(Z)-4-Heptenal、Benzaldehyde、6-Methyl-5-heptene-2-one、2-Pentylfuran、(E,Z)-2,4-Heptadienal、Decane、(E,E)-2,4-Heptadienal、2,2,6-Trimethylcyclohexanone、3,5-octadiene-2-one、2,6,6-Trimethyl-2-cyclohexene-1,4-dione、β-Cyclocitral、β-Ionone 等揮發性成分與貯藏過程中的氧化作用有關，可能為茶葉不當貯藏而有雜異味之關鍵因子；戴等（2017）研究結果亦顯示 1-Penten-3-ol、(Z)-2-Penten-1-ol、2-Pentylfuran、(Z)-4-Heptenal、(E,E)-2,4-Heptadienal 和 3,5-octadiene-2-one 等成分於未真空包裝及高溫之貯藏環境下含量會增加，對茶葉香氣有負面影響。陳和區（1998）與顧等（2011）之研究顯示，1-Penten-3-ol、(E,E)-2,4-Heptadienal 和 3,5-octadiene-2-one 等物質為茶葉貯藏過程中逐漸產生的，為貯藏時異味之來源成分，與茶葉的陳味有關；在本試驗 6 類香氣成分中皆有貯藏後才出現或者逐漸增加之成分，其結果與前人研究大致相符，隨著

貯藏時間增加，各種雜異味逐漸生成，同時也生成具有木質香、蜜香、花香及果香之香氣成分，由各種香氣成分動態變化組成清香烏龍茶貯藏期間之特殊風味。此與感官品評結果中，陳雜味出現以及香氣的轉變大致相符。

沒食子酸帶有酸澀味，本試驗經過 36 個月貯藏後，沒食子酸含量高於新鮮茶樣，前人研究指出一般在茶葉的貯藏過程中，沒食子酸含量會先增加再下降，與茶葉貯藏時風味先變酸再轉化掉酸味的現象應該有所關聯（楊，2018），本試驗茶葉貯藏階段應尚屬貯藏前期含量增加階段。咖啡因是茶湯中苦味來源之主要成分，性質較穩定，於製茶過程及茶葉貯藏期間變化不明顯，本試驗咖啡因於貯藏期間並無太大變化。茶葉中最主要的多元酚類成分為 8 種兒茶素類，EC、ECG、EGC、EGCG 為表型兒茶素，C、GC、CG 及 GCG 為非表型兒茶素。ECG 及 EGCG 屬於酯型兒茶素，一般認為其澀味感受程度比非酯型兒茶素 EC 及 EGC 來得強烈（蕭等，2020），相關文獻指出總多元酚及總兒茶素會隨著貯藏時間增加而下降（楊，2018），其中 ECG 及 EGCG 亦隨著貯藏時間增加而下降，本試驗結果之 ECG 及 EGCG 反而增加，推測可能與貯藏取樣時間有關，有待後續貯藏試驗繼續觀察記錄長期變化趨勢。

四、參考文獻

1. 王近近、袁海波、鄧余良、滑金傑、董春旺、江用文。2019。綠茶、烏龍茶、紅茶貯藏過程中品質劣變機理及保鮮技術研究進展。食品與發酵工業 45(3): 281-287。

2. 石磊、湯鳳霞、何傳波、魏好程。2011。茶葉貯藏保鮮技術研究進展。食品與發酵科技 47(3): 15-18。

3. 汪毅、龔正禮、駱耀平。2005。茶葉保鮮技術及質變成因的比較研究。中國食品添加劑 5: 19-22。

4. 周玲。2006。烏龍茶香氣揮發性成分及其感官性質分析。西南大學碩士學位論文。中國重慶。

5. 陳淑莉、區少梅。1998。包種茶香氣之描述分析。食品科學 25(6): 700-713。

6.　陳盈潔。2010。烏龍老茶中獨特的揮發性成分。中興大學生物科技學研究所學位論文。

7.　舒暢、余遠斌、肖作兵、徐路、牛雲蔚、朱建才。2016。新、陳龍井茶關鍵香氣成分的 SPME/GC MS/GC O/OAV 研究。食品工業 37(9): 279-285。

8.　郭芷君、楊美珠、郭曉萍、黃學聰。2017。微生物發酵對茶葉揮發性有機化合物之影響。臺灣茶業研究彙報 36: 145-158。

9.　黃宣翰、郭芷君、邱喬嵩、楊美珠。2020。不同包裝方式對小葉種紅茶之茶葉品質及揮發性成分之影響。臺灣茶業研究彙報 39: 139-172。

10.　楊美珠。2018。茶葉兒茶素之代謝機制與生物活性。國立台灣大學生物資源暨農學院園藝暨景觀學系博士論文。臺北市。

11.　蕭孟衿、黃校翊、黃宣翰、羅士凱、蕭建興。2020。不同包裝方式對蜜香紅茶貯藏品質及相關化學成分之影響。臺灣茶業研究彙報 39: 173-190。

12.　戴佳如、林金池、邱喬嵩、黃玉如、楊美珠。2017。貯藏條件對清香型半球形包種茶之茶葉品質及揮發性成分之影響。臺灣茶業研究彙報 36: 111-132。

13.　顧謙、陸錦時、葉寶存。2011。茶葉化學。中國科學技術大學出版社。

不同貯藏時間之凍頂烏龍茶品質及化學成分變化

簡靖華、黃宣翰、林儒宏、黃正宗

一、前言

　　凍頂烏龍茶產區早期位於南投縣鹿谷鄉凍頂茶區，鄰近溪頭風景區，海拔高度約 600 至 1,200 公尺，因其製造過程經過布球揉捻（團揉），外觀緊結成球形，色澤墨綠、水色金黃亮麗，香氣濃郁、滋味醇厚甘韻足，飲後回韻無窮，是香氣、滋味並重的臺灣特色茶（賴，2001），為南投縣茶葉生產的主要品項。凍頂烏龍茶屬於部分發酵茶類，與包種茶齊名，主要品種為青心烏龍，製造過程需要經過高溫烘焙，茶葉中的胺基酸及還原醣因高溫烘焙發生梅納反應（Maillard reaction），具有濃郁烘焙香氣，屬於焙香型球形烏龍茶，目前除了南投縣鹿谷鄉之外，竹山、名間及臺灣其他茶區亦有生產。

二、結果

　　試驗材料為民國 105 年（2016）購自南投縣鹿谷鄉凍頂茶區之春茶，品種為青心烏龍，以不透光茶葉包裝袋及封口夾包裝，模擬消費者購買茶葉開封後之常見貯藏方式，樣品貯藏於室溫，貯藏期間平均溫度為 25.4±1.8℃，濕度 67.4±8.5%，於貯藏 3 年間定期進行感官品評、香氣成分及相關化學成分分析。

（一）感官品評變化分析

　　凍頂烏龍茶貯藏 3 年期間感官品評變化如表 2-4-1。試驗選用的凍頂烏龍茶特色為外觀色澤墨綠圓緊，帶有炒栗香，滋味甘醇韻濃，水色蜜黃澄清。貯藏期間茶葉持續接觸空氣，因氧化反應導致感官品質及化學成分隨著貯藏時間而逐漸產生變化。

1. 外觀色澤及水色

　　茶葉外觀色澤在貯藏時間變化較小，其光澤度隨著貯藏時間增加稍有減少，與新鮮茶樣相較差異不大。

2. 風味（香氣、滋味）

　　凍頂烏龍茶以封口夾包裝方式貯藏 1 個月後，產生些微陳雜味，品評分數由 7.0 分略為降至 6.8 分。經 3 個月貯藏後出現些微油耗味，品評分數為 6.7 分；至第

6 個月時已有較明顯之陳味；貯藏 9 個月時香氣及滋味稍微悶雜，帶有油耗味及陳味，品評分數降至 6.3 分；貯藏 12 個月出現較具刺激性之陳雜味；經過 18 個月貯藏後，陳味明顯且茶湯滋味變得粗澀。於第 24 個月貯藏時茶湯陳味明顯但刺激性下降，滋味轉為醇濃且微酸；經過 36 個月貯藏後，除了陳味外，亦帶有果酸香，茶湯滋味甘醇且口感較濃郁。香氣及滋味評分分數於前 12 個月明顯較低，而後開始分數回升，貯藏 36 個月後滋味分數甚至高於新鮮茶樣。凍頂烏龍茶在開封後未真空的狀態下，因氧化作用的進行，香氣及滋味持續發生改變，鮮度下降且開始產生陳雜味、油耗味，隨著貯藏時間的增加，香氣刺激性下降，滋味的變化則轉為醇和且更為豐富。

▼ 表 2-4-1　凍頂烏龍茶貯藏不同時間之感官品評結果

| 貯藏時間（月） | 外觀（20%） | 水色（20%） | 風味 | | 總分 * | 敘述 |
			香氣（30%）	滋味（30%）		
0	7.0	7.0	7.0	7.0	7.0	炒栗香、甘醇
1	7.0	6.7	6.5	7.0	6.8	微陳雜
3	7.0	7.4	6.1	6.5	6.7	稍走味、油耗味
6	6.9	7.2	6.1	6.5	6.6	陳味、油耗味
9	6.8	6.7	5.9	6.1	6.3	微陳味、微悶雜、油耗味
12	6.9	6.5	6.1	6.3	6.4	陳味、微悶雜、微刺激性
18	7.0	6.7	6.5	6.5	6.6	陳味、粗澀
24	6.8	6.8	6.9	7.1	6.9	陳味、醇濃、微酸
30	6.8	6.8	6.6	6.8	6.7	陳味、微酸
36	6.8	6.8	6.7	7.2	6.9	陳味、醇和、甘醇、果酸香

* 總分：外觀分數 *0.2+ 水色分數 *0.2+ 香氣分數 *0.3+ 滋味分數 *0.3，4 捨 5 入至小數點後 1 位。

（二）茶湯 pH 值、水分含量及水色的變化

　　凍頂烏龍茶貯藏 36 個月期間 pH 值、水分含量及水色變化的如圖 2-4-1～圖 2-4-3。

1. 茶湯 pH 值

　　在未密封狀態下茶湯之 pH 值變化較為劇烈，顯示貯藏期間茶葉處於較不穩定的狀態，但仍有隨著貯藏時間持續降低的趨勢，貯藏前之 pH 值為 5.5，經過 36 個

月貯藏後 pH 值為 5.2，稍低於原始茶樣。

2. 水分含量

以封口夾進行包裝無法完全將茶葉與空氣隔絕，因此環境中的水分容易被茶葉吸收，由含水量變化曲線觀察貯藏至第 12 個月後明顯逐漸增加，經過 3 年的貯藏，茶葉含水量由 1.6% 增加至 4.0%。

3. 水色

本試驗採用 CIE Lab* 色彩空間的模型來表示茶湯水色變化，此模型以 3 種數值表達色彩：

L*：代表顏色的明亮程度。L* = 0 表示黑色，而 L* = 100 表示白色。

a*：表示紅色和綠色之間的位置。正值表示紅色，負值表示綠色。

b*：表示黃色和藍色之間的位置。正值表示黃色，負值表示藍色。

L* 在前 12 個月貯藏期間變化較小，在第 18 個月時明顯下降，a* 於貯藏期間變化幅度較小但略有降低之趨勢，b* 於貯藏期間呈現較大的波浪狀變化，由此可知凍頂烏龍茶於 36 個月貯藏期間水色呈現動態變化，明亮度降低為最明顯之差別，隨著貯藏時間增加，茶湯水色稍顯暗沉。

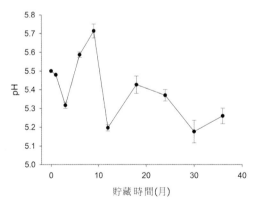

▌ 圖 2-4-1　凍頂烏龍茶貯藏不同時間之 pH 值變化　▌ 圖 2-4-2　凍頂烏龍茶貯藏不同時間之水分含量變化

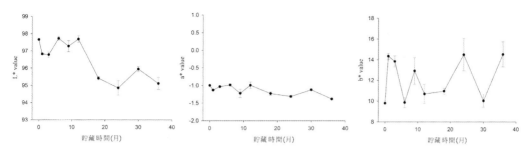

▌ 圖 2-4-3　凍頂烏龍茶貯藏不同時間之水色變化

（三）香氣的變化

　　凍頂烏龍茶爲中度發酵、中度烘焙之焙香型球形烏龍茶，其香氣特色爲具有花香、果香及烘焙香等。在貯藏過程中因氧化反應的關係，其中的揮發性香氣成分也會產生變化。依茶改場推出的臺灣特色茶風味輪 2.0 版的香氣成分分類，將茶的香氣分 6 大類型，包含青香、花香、甜香、果香、焙香和其他。依上述分類將凍頂烏龍茶貯藏過程中香氣成分的變化條列如表 2-4-2。

1.　青香

　　青香成分中，trans-3-Hexenol、6-Methyl-5-hepten-2-one、2-Pentylfuran 及 Methyl salicylate 等隨著貯藏時間增加而減少，trans-2-Methyl-2-butenal、cis-2-Pentenol、1-Hexanol 及 Safranal 則於貯藏後增加。

2.　花香

　　花香成分大多是開封後才出現，並隨著貯藏時間增加而有上升之趨勢，如 5-Ethenyldihydro-5-methyl-2(3H)-furanone、cis-Linalool oxide (furanoid)、cis-Linalool oxide (pyranoid)、Indole、α-Ionone、trans-Geranylacetone 及 β-Ionone 等。

3.　甜香

　　甜香成分大多隨著貯藏時間的增加而減少，如 Toluene、2-Furanmethanol、1,3-dimethyl- benzene、Benzyl alcohol 及 Hotrienol 等。

4.　果香

　　果香成分中帶有柑橘味的 Limonene 在貯藏期間逐漸減少，2-Heptanone Methyl 及 hexanoate 在貯藏期間含量則有增加之趨勢。

5. 焙香

焙香成分中 2-Methylbutyraldehyde、1-Ethyl-1H-Pyrrole 及 Furfural 會隨著貯藏時間減少，2-Acetylfuran、Ethylpyrazine 及 Benzaldehyde 則於貯藏期間逐漸增加。

6. 其他

其他雜異味成分則多數於貯藏後逐漸增加，包含具有脂味的成分如 Propanoic acid、Pentanoic acid 及 Hexanoic acid，以及具木質味的 2,6,6-Trimethyl-2-cyclohexene-1,4-dione。

▼ 表 2-4-2　凍頂烏龍茶貯藏不同時間之香氣成分變化

滯留指數	香氣成分	貯藏時間（月）								
		0	3	6	9	12	18	24	30	36
	青香成分	------------------------------ 平均含量（%）------------------------------								
691	1-Penten-3-ol	3.36	3.11	4.32	5.87	3.99	2.82	2.79	2.67	3.18
735	trans-2-Methyl-2-butenal	0.00	0.13	0.00	0.00	0.38	0.35	0.29	0.34	0.31
746	trans-2-Pentenal	0.00	0.00	0.27	0.82	0.31	0.68	0.53	0.46	0.40
765	cis-2-Pentenol	1.27	2.06	3.01	4.03	3.83	3.69	3.50	3.49	3.65
800	Hexanal	2.35	3.62	6.77	6.62	5.17	4.63	3.25	3.11	3.25
847	trans-2-Hexenal	0.00	0.25	0.30	0.37	0.33	0.48	0.33	0.36	0.31
851	trans-3-Hexenol	1.34	0.00	0.00	0.00	0.00	0.00	0.00	0.00	0.00
867	1-Hexanol	0.00	0.00	0.00	0.00	0.00	0.11	0.13	0.12	0.12
986	6-Methyl-5-hepten-2-one	0.00	4.28	4.41	4.99	3.54	3.21	3.02	2.97	2.81
990	2-Pentylfuran	5.30	2.28	1.92	2.32	2.02	2.28	2.03	1.85	1.69
1188	Methyl salicylate	0.00	0.34	0.31	0.23	0.25	0.22	0.21	0.25	0.26
1193	Safranal	0.00	0.32	0.29	0.32	0.33	0.36	0.43	0.47	0.50
	花香成分	------------------------------ 平均含量（%）------------------------------								
1036	5-Ethenyldihydro-5-methyl-2(3H)-furanone	0.00	0.23	0.30	0.50	0.38	0.49	0.57	0.56	0.64
1069	cis-Linalool oxide (furanoid)	0.00	2.83	4.26	6.79	5.56	7.80	7.27	6.66	5.92
1086	trans-Linalool oxide (furanoid)	0.00	1.41	1.30	1.22	1.16	0.97	0.95	1.04	1.03
1100	Linalool	2.52	1.20	1.39	1.35	0.82	0.73	0.70	0.74	0.73
1135	Benzyl nitrile	0.52	0.92	0.85	0.61	0.52	0.52	0.00	0.00	0.00
1172	cis-Linalool oxide (pyranoid)	0.00	0.00	0.00	0.00	0.00	0.18	0.18	0.23	
1257	trans-Geraniol	0.00	0.27	0.29	0.00	0.11	0.19	0.20	0.15	0.22
1288	Indole	0.00	0.00	0.00	0.00	0.09	0.10	0.07	0.11	0.15

（續表 2-4-2）

滯留指數	香氣成分	貯藏時間（月）								
		0	3	6	9	12	18	24	30	36
1424	α -Ionone	0.00	0.17	0.23	0.24	0.34	0.29	0.38	0.40	0.44
1453	trans-Geranylacetone	0.00	0.00	0.00	0.00	0.12	0.18	0.19	0.18	0.21
1483	β -Ionone	0.00	0.61	0.67	0.65	1.25	1.05	1.49	1.31	1.84
	甜香成分	----------------------------- 平均含量（%）-----------------------------								
759	Toluene	0.70	0.32	0.34	0.17	0.20	0.19	0.17	0.15	0.13
854	2-Furanmethanol	0.00	1.58	1.07	0.71	0.91	0.78	0.63	0.92	0.66
862	1,3-dimethyl- benzene	0.64	0.85	0.78	0.77	0.52	0.52	0.42	0.29	0.21
959	5-methyl-2-furancarboxaldehyde	0.00	0.85	0.52	0.27	0.63	0.73	0.79	1.04	0.65
1032	Benzyl alcohol	1.27	1.14	0.90	1.11	0.72	0.74	0.70	0.57	0.63
1104	Hotrienol	6.62	2.19	2.19	1.48	0.00	0.00	0.00	0.00	0.00
	果香成分	----------------------------- 平均含量（%）-----------------------------								
761	1-Pentanol	1.54	0.68	1.07	1.20	1.06	1.10	1.06	1.11	1.17
889	2-Heptanone	0.00	0.21	0.22	0.46	0.38	0.47	0.56	0.52	0.46
924	Methyl hexanoate	0.00	0.00	0.00	0.00	0.00	0.17	0.29	0.27	0.34
1023	Limonene	2.06	1.63	1.31	1.77	1.21	0.83	0.89	0.81	0.70
1028	2,2,6-Trimethylcyclohexanone	0.76	0.63	0.61	0.79	0.61	0.72	0.82	0.76	0.96
	焙香成分	----------------------------- 平均含量（%）-----------------------------								
683	2-Methylbutyraldehyde	1.05	0.23	0.19	0.00	0.10	0.00	0.00	0.00	0.00
811	1-Ethyl-1H-Pyrrole	5.20	7.69	6.77	3.13	3.38	2.41	1.65	1.37	1.84
818	Methylpyrazine	0.49	1.16	0.88	0.47	0.63	0.58	0.52	0.53	0.47
828	Furfural	5.10	6.64	3.82	1.94	4.70	3.36	3.34	3.78	2.24
907	2,5-dimethyl pyrazine	0.00	0.74	0.60	0.24	0.32	0.51	0.54	0.48	0.52
909	2-Acetylfuran	0.65	1.52	1.33	0.62	0.94	0.93	1.30	1.23	1.22
912	Ethylpyrazine	0.00	0.00	0.00	0.00	0.00	0.63	0.78	0.87	1.01
953	Benzaldehyde	0.78	1.00	0.96	1.16	1.23	1.88	2.06	1.97	2.03
997	2-Ethyl-6-methylpyrazine	0.00	1.27	1.18	0.91	0.75	0.81	0.66	0.66	0.69
1044	1-Ethyl-1H-pyrrole-2-carboxaldehyde	3.67	5.39	4.59	2.95	3.60	3.70	4.25	4.52	4.49
1076	3-Ethyl-2,5-dimethylpyrazine	0.00	0.70	0.96	0.89	0.46	0.50	0.39	0.42	0.45
	其他成分（雜異味）	----------------------------- 平均含量（%）-----------------------------								
720	Propanoic acid	0.00	0.00	0.00	0.00	0.51	1.32	2.06	2.25	2.32
899	4-Heptenal	0.00	0.27	0.44	0.63	0.48	0.55	0.47	0.38	0.31
901	Heptanal	0.00	0.31	0.46	0.76	0.66	0.58	0.46	0.42	0.36
903	Pentanoic acid	0.00	0.00	0.00	0.00	0.61	0.54	0.72	0.51	0.52
970	Heptanol	0.00	0.00	0.00	0.15	0.10	0.20	0.21	0.27	0.29

（續表 2-4-2）

滯留指數	香氣成分	貯藏時間（月）								
		0	3	6	9	12	18	24	30	36
979	3-Octenol	0.00	0.27	0.32	0.43	0.39	0.55	0.64	0.65	0.72
995	(E,Z)-2,4-Heptadienal	0.00	1.62	1.73	1.98	1.27	1.39	0.82	0.79	0.65
1005	Hexanoic acid	0.00	0.14	2.03	2.41	1.63	1.20	3.81	5.95	5.80
1018	3-Carene	0.00	1.03	1.02	1.18	0.94	0.00	0.00	0.00	0.00
1038	3-Octen-2-one	0.00	0.00	0.00	0.00	0.23	0.35	0.67	0.37	0.37
1060	1-(1H-pyrrole-2-yl)-ethanone	0.00	1.92	1.43	0.94	1.33	1.11	1.16	1.31	1.30
1091	3,5-Octadienone isomer2	0.00	0.62	0.82	1.39	1.37	1.98	2.21	2.22	2.30
1139	2,6,6-Trimethyl-2-cyclohexene-1,4-dione	0.00	0.25	0.26	0.31	0.30	0.36	0.43	0.45	0.49
1215	β-Cyclocitral	1.10	0.74	0.98	1.52	1.27	1.33	1.39	1.33	1.30

（四）化學成分的變化

沒食子酸（Gallic acid, GA）為茶葉中主要的酚酸，也是合成酯型兒茶素不可缺少的物質，其本身帶有酸澀味。凍頂烏龍茶在貯藏過程中，沒食子酸含量呈現波浪狀變化，在第 12 個月達到高峰而後下降（圖 2-4-4）。咖啡因為茶湯中苦味的來源，其含量於貯藏期間呈現微幅變化曲線，僅第 12 個月測得高峰值，最終與新鮮茶樣並無太大差異（圖 2-4-5）。

表兒茶素沒食子酸酯（ECG）與表沒食子兒茶素沒食子酸酯（EGCG）屬於酯型兒茶素，為茶湯滋味中澀味來源之一，兩者在 36 個月貯藏期間呈現波浪狀變化，最終與新鮮茶樣並無明顯差異（圖 2-4-6、圖 2-4-7），總兒茶素的變化亦有相同情形（圖 2-4-8）。

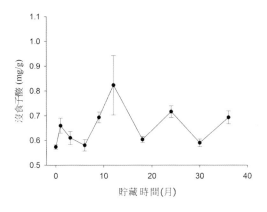

圖 2-4-4　凍頂烏龍茶貯藏不同時間之沒食子酸含量變化

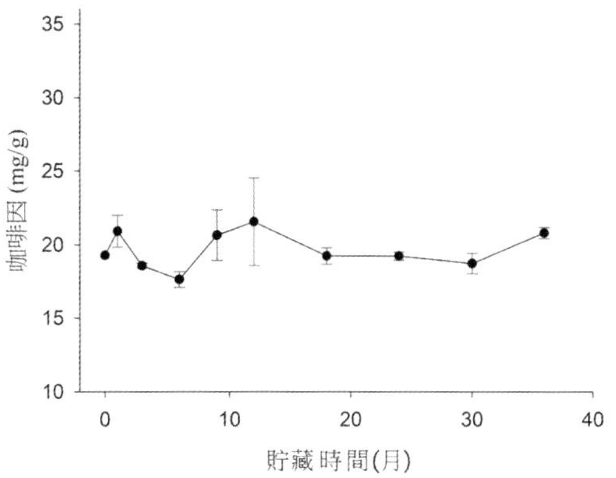

圖 2-4-5　凍頂烏龍茶貯藏不同時間之咖啡因含量變化

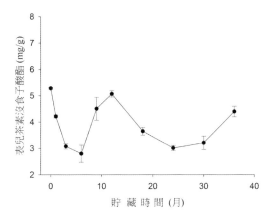

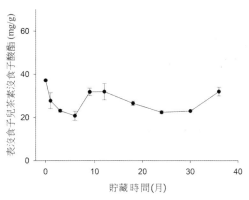

圖 2-4-6　凍頂烏龍茶貯藏不同時間之 ECG 含量變化

圖 2-4-7　凍頂烏龍茶貯藏不同時間之 EGCG 含量變化

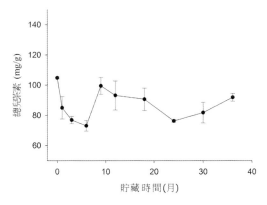

圖 2-4-8　凍頂烏龍茶貯藏不同時間之總兒茶素含量變化

三、討論

　　茶葉在貯藏過程中，若無法隔絕空氣，容易吸收氧氣及濕氣，產生各種化學反應，導致茶葉香氣及滋味產生轉變甚至劣變，貯藏期間之變化情形依不同發酵程度與製程亦有所差異，貯藏環境亦會造成不同的品質變化，故茶葉的保鮮與貯藏為許多研究人員關注的重點。

　　本試驗感官品評採標準評鑑沖泡方式，各項化學成分分析則採總量分析方式，故分析數據與感官品評結果可能有所差異，合先敘明。

　　根據感官品評結果，在貯藏 24 個月後可感受到茶湯出現微酸感，對照 pH 值分析結果亦有下降趨勢，兩者結果相符。

　　水分含量為影響茶葉品質及保存之重要影響因素之一，含水量於 4%～5% 為貯藏之最佳狀態（石等，2011），茶葉的含水量對其成分的變化影響甚大，水分含量愈高陳化速度愈快（汪等，2005）；以封口夾進行包裝無法完全將茶葉與空氣隔絕，環境中的水分容易被茶葉吸收，凍頂烏龍茶於貯藏第 12 個月後含水量逐漸增加，因新鮮茶樣水分含量極低，貯藏期間雖增加至 4.02%，但仍在安全含水量範圍內，以變化趨勢推測後續仍有持續增加之可能。

　　綜整香氣成分的變化，凍頂烏龍茶在貯藏期間花香及其他成分會逐漸增加，甜香成分逐漸減少，青香、果香及焙香成分則各有增減。戴等（2017）的研究指出茶葉的揮發性成分會因包裝方式及貯藏溫度而異，而且隨著貯藏時間的增加不斷地改變；黃等（2020）研究結果指出 (E)-2-Pentenal、1-Pentanol、Hexanal、2-Heptanone、(Z)-4-Heptenal、Benzaldehyde、6-Methyl-5-heptene-2-one、2-Pentylfuran、(E,Z)-2,4-Heptadienal、Decane、(E,E)-2,4-Heptadienal、2,2,6-Trimethylcyclohexanone、3,5-octadiene-2-one、2,6,6-Trimethyl-2-cyclohexene-1,4-dione、β-Cyclocitral、β-Ionone 等揮發性成分與貯藏過程中的氧化作用有關，可能為茶葉不當貯藏而有雜異味之關鍵因子；戴等（2017）研究結果亦顯示 1-Penten-3-ol、(Z)-2-Penten-1-ol、2-Pentylfuran、(Z)-4-Heptenal、(E,E)-2,4-Heptadienal 和 3,5-octadiene-2-one 等成分於未真空包裝及高溫之貯藏環境下含量會增加，對茶葉香氣有負面影響。陳和區（1998）與顧等（2011）之研究顯示，1-Penten-3-ol、(E,E)-2,4-Heptadienal 和 3,5-octadiene-2-one 等物質為茶葉貯藏過程

中逐漸產生的，爲貯藏時異味之來源成分，與茶葉的陳味有關；本試驗香氣成分分析結果與前人研究相符，在本試驗 6 類香氣成分中多數爲貯藏後才出現或者逐漸增加之成分，特別是其他造成雜異味的成分，隨著貯藏時間增加，封口夾包裝會產生較多帶有不良氣味之成分，但在貯藏過程中亦會產生帶有花香、果香、甜香及木質香之香氣成分；對照感官品評之香氣變化，亦大致符合。

沒食子酸帶有酸澀味，一般在茶葉的貯藏過程中，沒食子酸含量會先增加再下降，與茶葉貯藏時風味先變酸再轉化掉酸味的現象應該有所關聯（楊，2018）。本試驗之沒食子酸於貯藏期間含量呈現波浪狀變化，經過 36 個月貯藏後含量些微增加，於感官品評中亦可感受到輕微酸味出現，目前尚未有明顯下降之情形，需繼續觀察後續貯藏過程之變化；咖啡因爲茶湯中苦味來源之主要成分，性質較穩定，於製茶過程及茶葉貯藏期間變化不明顯，本試驗的咖啡因含量於貯藏期間變化較小，與前人研究大致相符。

茶葉中最主要的多元酚類成分爲 8 種兒茶素類，EC、ECG、EGC、EGCG 爲表型兒茶素，C、GC、CG 及 GCG 爲非表型兒茶素。ECG 及 EGCG 屬於酯型兒茶素，一般認爲其澀味感受程度比非酯型兒茶素 EC 及 EGC 來得強烈（蕭等，2020），相關文獻指出總多元酚及總兒茶素會隨著貯藏時間增加而下降（楊，2018），其中 ECG 及 EGCG 亦隨著貯藏時間增加而下降，本試驗之 ECG 及 EGCG 及總兒茶素於貯藏期間含量變化呈現不規則波浪曲線，經過 36 個月貯藏後減少亦無明顯趨勢，推測可能與貯藏取樣時間有關，有待後續貯藏試驗繼續觀察記錄長期之變化趨勢。

四、參考文獻

1. 王近近、袁海波、鄧余良、滑金傑、董春旺、江用文。2019。綠茶、烏龍茶、紅茶貯藏過程中品質劣變機理及保鮮技術研究進展。食品與發酵工業 45(3): 281-287。

2. 石磊、湯鳳霞、何傳波、魏好程。2011。茶葉貯藏保鮮技術研究進展。食品與發酵科技 47(3): 15-18。

3. 汪毅、龔正禮、駱耀平。2005。茶葉保鮮技術及質變成因的比較研究。中

國食品添加物 5: 19-22。

4. 周玲。2006。烏龍茶香氣揮發性成分及其感官性質分析。西南大學碩士學位論文。中國重慶。

5. 陳淑莉、區少梅。1998。包種茶香氣之描述分析。食品科學 25(6): 700-713。

6. 陳盈潔。2010。烏龍老茶中獨特的揮發性成分。中興大學生物科技學研究所學位論文。

7. 舒暢、余遠斌、肖作兵、徐路、牛雲蔚、朱建才。2016。新、陳龍井茶關鍵香氣成分的 SPME/GC MS/GC O/OAV 研究。食品工業 37(9): 279-285。

8. 郭芷君、楊美珠、郭曉萍、黃學聰。2017。微生物發酵對茶葉揮發性有機化合物之影響。臺灣茶業研究彙報 36: 145-158。

9. 黃宣翰、郭芷君、邱喬嵩、楊美珠。2020。不同包裝方式對小葉種紅茶之茶葉品質及揮發性成分之影響。臺灣茶業研究彙報 39: 139-172。

10. 楊美珠、陳國任。2015。陳年老茶的陳化與貯藏。茶業專訊 92: 10-14。

11. 楊美珠。2018。茶葉兒茶素之代謝機制與生物活性。國立台灣大學生物資源暨農學院園藝暨景觀學系博士論文。臺北市。

12. 賴正南。2001。茶葉技術推廣手冊 - 製茶技術。行政院農委會茶業改良場。臺灣桃園。

13. 蕭孟衿、黃校翊、黃宣翰、羅士凱、蕭建興。2020。不同包裝方式對蜜香紅茶貯藏品質及相關化學成分之影響。臺灣茶業研究彙報 39: 173-190。

14. 戴佳如、林金池、邱喬嵩、黃玉如、楊美珠。2017。貯藏條件對清香型半球形包種茶之茶葉品質及揮發性成分之影響。臺灣茶業研究彙報 36: 111-132。

15. 顧謙、陸錦時、葉寶存。2011。茶葉化學。中國科學技術大學出版社。

05

不同貯藏時間之鐵觀音茶品質及化學成分變化

張正桓、潘韋成、蘇彥碩

一、前言

鐵觀音茶屬焙香型球形烏龍茶，其製法與球形烏龍茶類似，惟其特點即是製程中茶葉經初焙未足乾時，需特別反覆進行焙揉，以形成特別的喉韻，滋味醇厚甘鮮，入口回甘喉韻強，香氣馥郁持久，有純和的弱果酸味，經多次沖泡仍能甘醇回韻。尤以鐵觀音品種製造爲上品（俗稱正欉鐵觀音），主要生產於臺北市木柵茶區及新北市石門茶區。

茶葉之經濟價值取決於其香味與滋味等品質特性，茶菁製成茶葉後，經過包裝甚至一段貯藏期間後方至消費者手中，如茶葉包裝貯藏期間未能妥善保存，使茶葉發生變質，將致經濟價值之損失。茶葉之香味成分由不同製程而來，性質不安定，易自然發散或再氧化變質。新製成之茶葉滋味通常較爲苦澀，且帶有菁味及火味，而經一段時間之貯藏，環境中氧氣、光照、溫度及濕度之影響下，茶葉會進行後氧化作用（或稱後發酵作用）而使品質產生變化。一般而言，不同發酵度或不同烘焙程度之茶類，其後氧化作用程度不同，貯藏期間品質變化及耐貯藏程度亦有所差異；對不同發酵程度茶類而言，發酵程度越重者具有較佳之貯藏性（蔡和張，1995）。

本研究以臺北市木柵茶區內最具代表性的焙香型球形特色茶鐵觀音茶爲材料（鐵觀音品種），模擬消費者購買市售眞空脫氧包裝之鐵觀音茶後，經開封品飲再以封口夾作爲簡易封口貯藏，探討 3 年內貯藏過程中對於鐵觀音茶風味及品質變化之影響，並佐以科學化分析揮發性成分及化學成分。

二、結果

本研究材料爲鐵觀音品種所製成之焙香型球形鐵觀音茶，經收樣後以純鋁眞空袋包裝附以封口夾封存，模擬消費者購買市售眞空脫氧包裝之鐵觀音茶後，經開封品飲再以封口夾作爲簡易封口貯藏過程，茶樣貯藏於茶及飲料作物改良場北部分場製茶工廠二樓茶倉內，全天候開啓除濕裝置，貯藏期間平均溫度爲 $25.3 \pm 2.3°C$，濕度 $62.7 \pm 5.3\%$，於貯藏 1、3、6、9、12、18、24、30 及 36 個月時進行感官品評、揮發性成分及化學成分分析。

（一）感官品評變化分析

　　鐵觀音茶新鮮茶樣特徵為茶乾外型捲曲緊結，色澤鮮潤呈現綠褐至黑褐色澤帶白霜，水色呈琥珀色、清澈明亮，帶有玄米、烏梅等焙香、香瓜、桃李等花果香，滋味醇厚甘鮮，入口回甘喉韻強，本研究鐵觀音茶於貯藏期間提取樣本，經感官品評結果如下表 2-5-1 所示。

1. 外觀色澤及水色

　　鐵觀音茶茶乾外觀形狀及色澤至貯藏至 36 個月時無變化，維持外型捲曲緊結，色澤鮮潤、黑褐色澤帶白霜之原始樣態。茶湯水色於貯藏後 12 個月內，仍呈明亮、琥珀色，貯藏 12 個月後茶湯水色即開始出現混濁情形，至 36 個月時由原始分數 9.0 分降至 8.0 分，總體而言，鐵觀音茶隨著貯藏時間增加，茶乾外觀無明顯變化，茶湯水色維持琥珀色，但隨著時間增加，出現混濁情形越發嚴重。

2. 風味（香氣、滋味）

　　貯藏 6 個月內之鐵觀音茶風味品質無明顯變化，經貯藏 9 個月後取出茶樣品評結果，封口夾封存茶樣即有些微陳味發生，鮮活性稍降，貯藏 12 個月，滋味出現陳、雜、澀之情形，失去鮮活性，貯藏 18 至 36 月，隨著貯藏時間增加而香氣及滋味皆有下降趨勢，逐漸失去原始鐵觀音茶茶樣之玄米、烏梅等焙香、香瓜、桃李等花果香等香氣，茶湯不良風味及滋味逐漸嚴重，出現海苔、菁、澀、油耗、陳味、仙草等不良氣味，貯藏至 36 個月時，風味香氣分數降至 5.4 分，滋味分數降至 4.9 分。整體而言，無論香氣、滋味等品質皆隨貯藏時間增加而呈現下降趨勢。

▼ 表 2-5-1　鐵觀音茶貯藏不同時間之感官品評結果

| 貯藏時間（月） | 外觀（20%） | 水色（20%） | 風味 | | 總分* | 敘述 |
			香氣（30%）	滋味（30%）		
0	9.0	9.0	9.0	9.0	9.0	玄米、烏梅等焙香、香瓜、桃李等花果香
1	9.0	9.0	8.4	8.4	8.6	同原始茶樣
3	9.0	9.0	7.8	8.1	8.4	同原始茶樣
6	9.0	9.0	6.9	7.5	7.9	同原始茶樣
9	9.0	9.0	6.0	6.9	7.5	微陳、鮮活性降
12	9.0	7.6	6.3	6.8	7.3	水色濁、陳雜澀、無鮮活性

▼ 表 2-5-1　鐵觀音茶貯藏不同時間之感官品評結果（續）

貯藏時間（月）	外觀（20%）	水色（20%）	風味		總分*	敘述
			香氣（30%）	滋味（30%）		
18	9.0	7.8	6.0	6.2	7.0	海苔、菁、油耗、悶雜、仙草
24	9.0	7.6	5.9	5.6	6.8	海苔、菁、油耗、仙草、黑糖、香瓜
30	9.0	7.5	5.6	5.3	6.6	海苔、菁、酸、黑糖、烏梅、油耗、仙草
36	9.0	8.0	5.4	4.9	6.5	海苔、菁、澀陳雜、油耗、仙草、烏梅

* 總分：外觀分數 *0.2+ 水色分數 *0.2+ 香氣分數 *0.3+ 滋味分數 *0.3，4 捨 5 入至小數點後 1 位。

（二）茶湯 pH 值、水分含量及水色的變化

1. 茶湯 pH 值

貯藏 36 個月的茶湯 pH 值表現如圖 2-5-1，貯藏後第 1 月 pH 值即有下降變酸情形，但貯藏時間之增加，茶湯 pH 值無明顯變化。

2. 水分含量

茶乾含水量分析結果（圖 2-5-2），貯藏後第 6 個月至 18 個月，包裝內含水量無明顯變化，但有稍微上升趨勢，貯藏 24 個月後，提升速率變快，似有吸收貯藏環境水分之情形。

3. 水色

鐵觀音茶水色的變化如圖 2-5-3，貯藏 9 個月後及第 24 個月，L* 值（亮度）有上升情形，a* 值及 b* 值於貯藏 3 個月至 6 個月後有上升情形，但在第 9 個月後 a* 值及 b* 值逐漸下降，水色有偏綠、黃之顏色加深的趨勢，惟 b* 值於貯藏第 24 至 36 個月則呈先降後升情形。

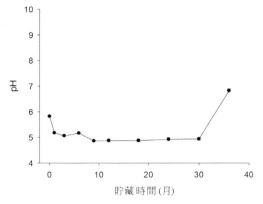

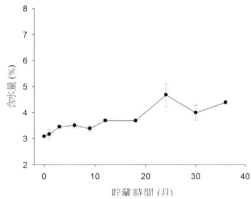

圖 2-5-1　鐵觀音茶貯藏不同時間之茶湯 pH
值變化

圖 2-5-2　鐵觀音茶貯藏不同時間之含水量變
化

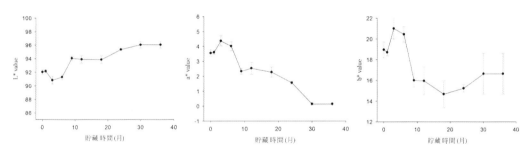

圖 2-5-3　鐵觀音茶貯藏不同時間之茶湯水色變化

（三）香氣的變化

　　茶葉香氣是茶葉品質的重要體現，而在氧氣的催化下，茶葉的香氣成分在貯藏的過程中會有很劇烈的變化。透過氣相層析質譜儀等高階儀器的協助，取得茶葉的香氣輪廓，並透過交叉比對可得知個別香氣成分的變化趨勢。隨著貯藏時間增加，封口夾包裝處理鐵觀音茶茶樣內揮發性氣味物質總數量皆有上升趨勢，呼應感官品評結果，其陳雜等不良氣味的出現。分析其揮發性成分變化結果如表 2-5-2，青味香氣成分 Safranal 及 trans-2-Hexenal 隨貯藏時間變長而含量上升，Dimethyl sulfoxide 在貯藏 12 個月後開始出現含量並逐步增加，Hexanal（己醛）、α-Farnesene（α-法呢烯）、trans-β-Ocimene（β-紫羅酮）及 2-Pentylfuran 隨貯藏時間變長而含量下降。有關花香香氣成分中 Indole（吲哚）、Linalool（芳樟醇）、

trans-Linalool oxide（反 - 氧化芳樟醇）、Phenylethyl Alcohol、Phenylacetaldehyde 香味物質隨時間增加而減少，trans-Geranylacetone、α-Ionone 及 β-Ionone 香味物質隨貯藏時間增加而出現。果甜香香氣成分 1-Pentanol、Limonene、cis-3-Hexenyl hexanoate、2-Furanmethanol、Benzyl alcohol、Hotrienol 隨時間增加而減少，尤其是 Hotrienol 貯藏 12 個月後即無發現，Limonene 也在貯藏 30 個月後也消失，Methyl hexanoate、dihydroactioidiolide 隨時間增加而增加、焙香及其他香氣成分（異雜味）如 Benzaldehyde（苯甲醛）、及各式脂肪酸 Heptanol、Hexanoic acid、Pentanoic acid、3-Octenol、2,6-Dimethylcyclohexanol、trans-2-Octenal、β-Cyclocitral 隨時間增加而增加，Propanoic acid 在貯藏 12 個月後開始出現含量並逐步增加，1-Ethyl-1H-Pyrrole 及 Furfural 等焙香香氣則隨著時間增加而減少。

▼ 表 2-5-2　鐵觀音茶貯藏不同時間之香氣成分變化

滯留指數	香氣成分	貯藏時間（月）									
		0	1	3	6	9	12	18	24	30	36
	青香成分	\- 平均含量（%）\-									
765	cis-2-Pentenol	0.61	2.70	3.35	2.67	2.77	2.20	3.06	3.30	3.30	3.29
800	Hexanal	1.36	4.95	6.34	6.74	6.59	3.03	4.22	4.03	3.49	3.17
847	trans-2-Hexenal	0.17	0.33	0.37	0.57	0.60	0.61	0.59	0.63	0.53	0.49
867	1-Hexanol	0.00	0.00	0.00	0.00	0.00	0.14	0.09	0.10	0.09	0.16
990	2-Pentylfuran	0.00	2.84	2.78	2.41	2.31	2.06	2.38	2.35	2.62	2.83
1047	trans-β-Ocimene	0.89	0.83	0.65	0.54	0.42	0.41	0.00	0.00	0.00	0.00
1193	Safranal	0.17	0.22	0.31	0.28	0.28	0.30	0.28	0.33	0.38	0.39
1508	(E,E)-α-Farnesene	0.00	1.62	1.02	0.74	0.00	0.00	0.00	0.00	0.00	0.00
	花香成分	\- 平均含量（%）\-									
1039	Phenylacetaldehyde	0.58	0.00	0.00	0.00	0.00	0.00	0.00	0.00	0.00	0.00
1086	trans-Linalool oxide (furanoid)	2.60	3.33	3.24	1.89	3.06	2.65	2.86	3.08	3.01	2.91
1100	Linalool	1.57	2.66	2.56	2.01	1.88	1.35	1.27	1.28	1.25	1.15
1109	Phenylethyl Alcohol	0.00	0.00	1.52	1.53	1.42	0.00	1.20	1.16	1.22	1.10
1288	Indole	0.15	0.00	0.00	0.00	0.00	0.00	0.00	0.00	0.00	0.00
1424	α-Ionone	0.08	0.00	0.18	0.16	0.29	0.34	0.32	0.42	0.48	0.45
1453	trans-Geranylacetone	0.00	0.00	0.00	0.00	0.17	0.20	0.17	0.23	0.22	0.26
1483	β-Ionone	0.28	0.28	0.31	0.36	0.96	1.14	0.89	1.22	1.25	1.41
	甜香成分	\- 平均含量（%）\-									
854	2-Furanmethanol	2.69	2.03	1.67	1.62	1.36	1.40	1.21	1.21	1.12	1.09

（續表 2-5-2）

滯留指數	香氣成分	貯藏時間（月）									
		0	1	3	6	9	12	18	24	30	36
1032	Benzyl alcohol	0.75	0.80	0.74	0.77	0.73	0.59	0.35	0.00	0.00	0.47
1104	Hotrienol	1.97	2.29	1.71	1.55	1.65	0.00	0.00	0.00	0.00	0.00
	果香成分	--------------------------------- 平均含量（%）---------------------------------									
761	1-Pentanol	0.27	1.19	1.19	1.07	1.01	0.48	0.00	0.00	0.00	0.00
924	Methyl hexanoate	0.00	0.00	0.00	0.23	0.19	0.29	0.40	0.36	0.45	0.52
1023	Limonene	1.67	1.93	1.70	1.35	1.21	1.22	0.91	0.67	0.00	0.00
1126	Methyl octanoate	0.00	0.00	0.00	0.00	0.00	0.00	0.00	0.00	0.00	0.10
1290	Hexanoic acid, pentyl ester	0.00	0.00	0.00	0.00	0.00	0.00	0.00	0.00	0.00	0.08
1383	cis-3-Hexenyl hexanoate	0.41	0.41	0.35	0.33	0.30	0.26	0.16	0.18	0.15	0.13
1519	dihydroactinidiolide	0.11	0.00	0.00	0.00	0.27	0.57	0.20	0.32	0.33	0.52
	焙香成分	--------------------------------- 平均含量（%）---------------------------------									
811	1-Ethyl-1H-Pyrrole	3.82	2.31	1.65	1.02	0.92	0.94	0.50	0.51	0.37	0.29
828	Furfural	18.88	8.62	5.61	4.96	4.42	8.35	6.49	5.37	4.84	3.98
909	2-Acetylfuran	2.23	1.19	0.99	1.14	1.05	1.91	1.50	1.29	1.37	1.23
953	Benzaldehyde	0.87	0.63	0.70	1.13	1.02	1.41	1.46	1.39	1.23	1.46
	其他成分（雜異味）	--------------------------------- 平均含量（%）---------------------------------									
720	Propanoic acid	0.08	0.00	0.00	0.00	0.00	0.72	1.70	1.96	2.17	2.17
900	cis-4-Heptenal	0.16	0.56	0.55	0.97	0.83	0.60	0.63	0.60	0.41	0.38
901	Heptanal	0.22	0.60	0.92	1.30	1.09	0.68	0.82	0.80	0.54	0.62
904	Pentanoic acid	0.00	0.00	0.16	0.23	0.42	0.34	0.55	0.21	0.02	0.24
970	Heptanol	0.00	0.17	0.16	0.19	0.23	0.19	0.20	0.18	0.21	0.28
979	3-Octenol	0.16	0.35	0.38	0.46	0.47	0.45	0.56	0.59	0.65	0.72
1005	Hexanoic acid	0.10	1.63	2.29	2.32	1.99	0.80	2.65	2.08	4.03	4.78
1056	trans-2-Octenal	0.14	0.41	0.63	0.71	0.69	0.44	0.49	0.52	0.39	0.40
1102	2,6-Dimethylcyclohexanol	0.00	0.81	1.44	1.49	1.72	1.72	2.47	3.42	3.88	3.65
1214	β-Cyclocitral	0.36	0.95	1.38	1.33	1.38	1.30	1.59	1.70	1.86	1.81

（四）化學成分的變化

分析鐵觀音茶總兒茶素、個別兒茶素、沒食子酸及咖啡因在貯藏時間的變化如圖 2-5-4～圖 2-5-8，咖啡因貯藏 1 個月至 3 個月有上升情形，而後逐漸下降至穩定。沒食子酸貯藏 1 個月至 3 個月有上升情形，第 6 個月後下降，爾後至 36 個月呈穩定不變狀態。總兒茶素部分如含量較高的 EGCG（表沒食子兒茶素沒食子酸酯、EGC（表沒食子兒茶素）皆無隨時間而有顯著變化。

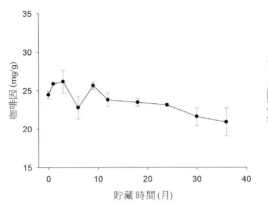

圖 2-5-4　鐵觀音茶貯藏不同時間之咖啡因含量變化

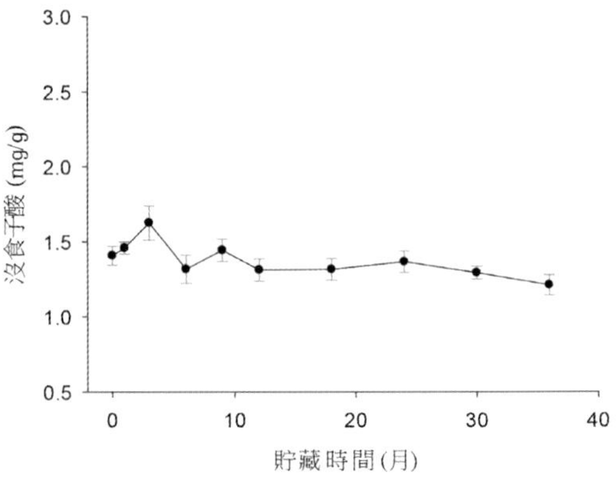

圖 2-5-5　鐵觀音茶貯藏不同時間之沒食子酸含量變化

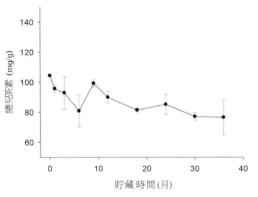
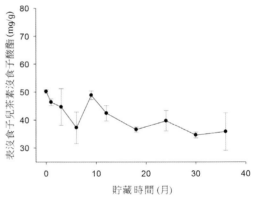

圖 2-5-6　鐵觀音茶貯藏不同時間之總兒茶素含量變化

圖 2-5-7　鐵觀音茶貯藏不同時間之 EGCG 含量變化

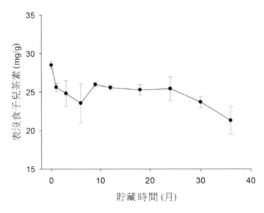

圖 2-5-8　鐵觀音茶貯藏不同時間之 EGC 含量變化

三、討論

綜合感官品評、水分含量、茶湯水色測定、香氣成分及化學成分分析之結果顯示，鐵觀音茶（品種爲鐵觀音）包裝袋經開封後以簡易封口夾處理，仍可作爲短暫貯藏方法，風味尚可維持 9 個月，包裝內部氧氣的含量及氧氣的通透性是影響鐵觀音茶保存的重要因素，因此未能有效隔絕外界空氣的封口夾處理，隨著貯藏超過一年，茶樣的劣變情形發生更爲嚴重，尤其是在無法控制溫濕度及光線的環境中，建議仍以鋁袋眞空加脫氧劑方式保存較佳。

鐵觀音茶是經揉捻成型之球形茶，茶農或茶商多採用鋁箔或鍍鋁之茶葉包裝袋作爲包裝資材，輔以抽眞空、放置脫氧劑或乾燥劑方式，來延長其風味及保存期。消費者購買鐵觀音茶後，通常不會馬上品飲完畢，開封後之包裝多會以封口夾或其他夾狀的工具，作爲簡易密封包裝袋使用，以便下次再行開封取出茶葉，這種方式雖然簡便，但如果因爲貯藏環境不良，常因爲環境溫度、濕度等造成茶葉劣變之因素影響茶葉品質，且因爲封口夾包裝不能完全阻隔包裝袋內外空氣流通，尤其是氧氣，因而造成後續貯藏品質將緩慢漸進地劣變，很難維持鐵觀音茶原來的新鮮品質。因此，本研究模擬消費者購買鐵觀音茶並開封後於不同時間之茶葉品質變化，經研究結果，鐵觀音茶經封口夾貯藏 9 個月後取出茶樣品評，即可發現，開始有陳雜味發生、水色濁、茶湯失去鮮活性情形發生，並隨貯藏時間增加陸續出現油耗、海苔、雜澀等負面氣味形容發生，此結果呼應茶湯水色變深之趨勢，但仍保有鐵觀音茶玄米、烏梅等焙香、香瓜、桃李等花果香等香氣，隨著貯藏時間增加而香氣及滋味皆有下降趨勢，貯藏 18 個月後陸續出現油耗、海苔、雜澀等負面氣味。

對照感官品評、茶葉化學成分及香氣成分後可發現封口夾包裝對於鐵觀音茶之影響，於封口夾包裝下貯藏 12 個月之鐵觀音茶，硫氧化物 Dimethyl sulfoxide 在貯藏 12 個月後開始出現含量並逐步增加，Hexanal（己醛）、α-Farnesene（α-法呢烯）、trans-β-Ocimene（β-紫羅酮）及 2-Pentylfuran 隨貯藏時間變長而含量下降。代表鐵觀音香氣之果甜香的香氣成分 1-Pentanol、Limonene、cis-3-Hexenyl hexanoate、2-Furanmethanol、Benzyl alcohol、Hotrienol，花香成分 Indole（吲哚）、Linalool、trans-Linalool oxide（反-氧化芳樟醇）、Phenylethyl Alcohol 等隨時間增加而減少，尤其是 Hotrienol 在貯藏 12 個月後即無發現，Limonene 也在

貯藏 30 個月後也已消失，呼應感官品評香氣迅速下降之結果，花果香消失進而產生海苔、菁味等不良風味。另外在焙香香氣成分上 1-Ethyl-1H-Pyrrole 及 Furfural 等焙香香氣則隨著時間增加而減少，其他香氣成分（異雜味）如 Benzaldehyde（苯甲醛）及各式脂肪酸如 Heptanol、Hexanoic acid、Pentanoic acid、3-Octenol、2,6-Dimethylcyclohexanol、trans-2-Octenal、β-Cyclocitra 隨時間增加而增加，Propanoic acid 在貯藏 12 個月後開始出現含量並逐步增加，對照感官品評風味描述出現雜、澀、陳、油耗味、泥土、乾草等不良氣味，大大降低鐵觀音茶品質。

Chen et al. 在 2012 年之研究也可呼應本研究結果，其認爲陳放越久的鐵觀音茶與新鮮茶葉相比，其碳氫揮發性化合物減少，而苯甲酸及 pyrrole 類衍生物增加。陳（2010）發現烏龍老茶經長時間貯存後，原有長鏈醇類與酸類會轉換成短鏈酸類，並產生許多含氮胺基衍生物，如 pyrrole 及 pyridine，其特殊芳香氣味成分主要由含氮雜環化合物所組成，如 N-ethylsuccinimide、2-acetylpurrole、2-formylpyrrole 與 pyridinol。

兒茶素爲化性活潑且不安定的成分，在茶葉貯藏過程中可能由於兒茶素「自動氧化」而致品質劣變；或由於茶葉中殘存之多元酚氧化酵素或過氧化酵素作用，導致兒茶素繼續氧化，也會促使其他茶葉香味成分（如脂肪族化合物）再氧化，導致異味生成，尤其是典型之油耗味、陳味，且兒茶素氧化後結合茶葉中其他成分（如胺基酸類），進行非酵素性褐變反應，使茶湯變混濁，另外茶葉所含脂肪酸（fatty acid）與類胡蘿蔔素（carotenoids）對茶葉香氣扮演很重要角色，兩者都很容易自動氧化，而產生一些醛、醇、酮類等揮發性成分，而這些成分即是導致茶葉陳味、油耗味、油雜味生成主因。

在 Springet et al.（1994）研究結果已可呼應此情形，將阿薩姆紅茶置於含有空氣之包裝中貯放 48 週，hexanal (E)-2-octenal、(E, ZD-2, 4-heptadienal、(E, E)-2, 4-heptadienal、B-cyclocitral and B-ionone 等六種成分明顯增加，而眞空包裝之茶樣則與原始茶樣相近，顯示這些香氣成分的改變與茶葉貯存過程中的氧化降解有關。(E, E)-2.4-heptadienal 是陳茶特有的成分，是由亞麻酸和亞油酸等不飽和脂肪酸氧化生成的，它是構成陳茶風味主要化合物之一，表現爲類似大豆油的酸敗刺激味。

香氣物質或可作爲鐵觀音茶貯藏過程中品質變化的判斷指標，Hexanal（正己醛）、cis-2-Pentenol、trans-2-Hexenal 在封口夾貯藏第 1～3 個月時即出現，可

作為第一時間判斷鐵觀音茶陳味的揮發性物質，2-Pentylfuran（正戊基呋喃）、β-cyclocitral 則在第 6 個月後大量出現，可作為第二個判斷保存時間的鐵觀音茶陳味來源指標。另外各式脂肪酸氧化物如 Heptanol、Hexanoic acid、Propanoic acid、Pentanoic acid、3-Octenol、2,6-Dimethylcyclohexanol 也可作為油耗不良風味判定的依據。1-ethyl-1H-Pyrrole（N- 乙吡咯）、Furfural（糠醛）、Limonene（檸檬烯）、α-Farnesene（α- 法呢烯）在貯藏第 6 個月時封口夾處理即開始消失，因此可作為區分鐵觀音茶不同保存時間及方法的指標。

　　另外本研究結果顯示，總兒茶素、個別兒茶素、沒食子酸及咖啡因等化學成分，如含量較高的 EGCG（表沒食子兒茶素沒食子酸酯）、EGC（表沒食子兒茶素）等皆無隨時間或包裝處理而有顯著變化，推測原因為本研究樣品貯藏空間避光，溫濕度變化不明顯，且恆溫低濕的茶倉場域，為一茶葉良好的貯藏環境，其環境強度尚對於茶葉中兒茶素等含量無法造成影響，不過仍需再經過更長時間的觀察，方能定論。貯藏第 24 個月後茶乾含水量有增加情形，加速鐵觀音茶陳化，顯示未能有效隔絕外界空氣的封口夾處理，尤其是在環境無法控制溫濕度及光線的環境下，隨著貯藏時間的增加，茶樣易受潮與吸附空氣中水氣，容易加速茶葉陳化情形。

四、參考文獻

1. 何信鳳、蔡永生、吳文魁。1991。利用脫氧劑保存茶葉品質之研究。臺灣省茶業改良場 80 年年報 pp.146-149。

2. 阮逸明、吳振鐸。1979。不同發酵程度與不同包裝貯藏法對保存碎形紅茶品質之影響。臺灣省茶業改良場 68 年年報 pp.67-69。

3. 吳振鐸、阮逸明、葉速卿、吳傑成。1976。煎茶充氮包裝貯藏期間主要化學成分變化與品質之關係研究。臺灣省茶業改良場 65 年年報 pp.93-96。

4. 吳傑成。1987。茶葉真空包裝與貯藏技術之研究。臺灣省茶業改良場 76 年年報 pp.49-61。

5. 吳傑成。1988。茶葉真空包裝與貯藏技術之研究（二）。臺灣省茶業改良場 77 年年報 pp.46-52。

6. 陳盈潔。2010。烏龍老茶中獨特的揮發性成分。中興大學生物科技學研究

所碩士學位論文。

7. 楊美珠、李志仁、陳國任、陳右人。2013。貯放時間對包種茶品質相關化學成分之影響。第二屆茶業科技研討會專刊 pp.169-182。

8. 蔡永生、張如華。1995。茶葉之包裝貯藏。茶業技術推廣手冊 - 製茶篇 pp.65-80。臺灣省茶業改良場編印。

9. Chen, Y. J., Kuo, P. C., Yang, M. L., Li, F. Y., Tzen, T. C. 2013. Effects of baking and aging on the changes of phenolic and volatile compounds in the preparation of old Tieguanyin oolong teas. Food Research International 53: 732-743.

10. Friedman, M., Levin, C. E., Lee, S. U. and Kozukue, N. 2009. Stability of green tea catechins in commercial tea leaves during storage for 6 months. J. Food Sci. 74: 47-51.

11. Horita, H. 1987. Off-flavor components of green tea during preservation. Jpn. Agric. Res. Q. 21: 192-197.

12. Ho, C. T., Zheng, X. and Li, S. 2015. Tea aroma formation. Food Sci. 4: 9-27

13. Springett, M.B.,Williams, B. M. and Barnes, R. J. 1994. The effect of packaging conditions and storage time on the volatile composition of Assam black tea leaf. Food Chem. 49: 393-398.

14. Wang, L. F., Lee, J. Y., Chung, J. O., Baik, J. H., So, S. and Park, S. K. 2008. Discrimination of teas with different degrees of fermentation by SPME-GC analysis of the characteristic volatile flavor compounds. Food Chem. 109: 196-206.

15. Zheng, X.Q., Li, Q.S., Xiang, L.P. and Liang ,Y.R. 2016. Recent advances in volatiles of teas. Molecules. 21(338): 1-12.

06

不同貯藏時間之紅烏龍茶
品質及化學成分變化

黃校翊、蕭孟衿、黃宣翰、羅士凱、蕭建興

一、前言

臺灣東部茶區大多位於中低海拔，夏秋季光合作用旺盛，茶芽生長快速，含有大量的化學成分，尤其是兒茶素，茶葉製作後容易有苦澀味，但夏秋茶占了總產量的六成，因此為改善製茶品質，突破茶區困境，於民國 97 年（2008 年）茶及飲料作物改良場東部分場（前身為臺東分場）開始著手研發，並發表命名為「紅烏龍茶」。目前紅烏龍茶已成為知名的臺東地區特色茶，為結合紅茶與烏龍茶之加工特點與品質特色的茶類，發酵程度為目前烏龍茶類中最高的。紅烏龍茶外觀為球形，色澤暗紅帶有光澤，茶湯水色琥珀橙紅，有如紅茶茶湯，滋味卻是烏龍茶風味。茶質厚重具熟果香，滋味醇厚圓滑，富有活性、耐泡，亦非常適合作為冷泡茶之材料（吳，2012）。

二、結果

本試驗之材料紅烏龍茶在民國 105 年（2016 年）5 月採製後，保存在 -20℃的冰庫中，至同年 6 月取出進行包裝試驗。以封口夾包裝來模擬消費者購買茶葉開封後之日常貯藏方式，樣品貯藏於室溫，於 1、3、6、9、12、18、24、30 和 36 個月取樣進行感官品評、香氣及化學成分分析。

（一）感官品評變化分析

紅烏龍茶開封後使用封口夾包裝貯藏三年期間之感官品評如表 2-6-1。

1. 外觀色澤及水色

新鮮的紅烏龍茶緊結成球狀，色澤烏黑且油潤亮麗，外觀分數達 8.5 分，但開封後開始下降，至 24 個月時下降至 7.2 分，到 36 個月時僅 6.5 分，色澤呈現墨紅色且偏暗失去油亮感。品質佳的紅烏龍茶水色為琥珀橙紅色且清澈明亮，隨貯藏時間增加水色逐漸變淡，水色之分數於 30 個月時迅速降低，貯藏 36 個月達最低僅 6.8 分。

2. 風味（香氣、滋味）

紅烏龍茶未貯藏前風味果香揚、水甜平順，進行處理後 1 個月品評發現開始有

悶沉與雜陳味的產生；貯藏 3 個月後雜陳味持續增加；至貯藏 30 個月出現木質味及酸雜味，至 36 個月時雜陳味最明顯。感官品評分數表現由最初的 8.1 分，至貯藏 12 個月時下降至 7.5 分，至 36 個月時下降幅度最大僅剩 6.2 分。

▼ 表 2-6-1　紅烏龍茶貯藏不同時間之感官品評結果

| 貯藏時間（月） | 外觀（20%） | 水色（20%） | 風味 | | 總分 * | 敘述 |
			香氣（30%）	滋味（30%）		
0	8.5	7.8	8.1	8.0	8.1	果香揚、水甜平順
1	7.7	7.6	7.8	7.7	7.7	果香、稍悶沉、微雜陳
3	7.8	8.0	7.7	7.6	7.8	果香淡、稍陳悶陳雜、水平順
6	7.8	7.6	7.0	7.4	7.4	陳雜、微甜味、雜味
9	7.4	7.9	7.5	7.3	7.5	果香、雜陳味重
12	7.6	7.6	7.4	7.3	7.5	木質味、雜陳味重
18	7.8	7.9	7.4	7.3	7.6	雜陳味、微木質味
24	7.2	7.9	7.4	7.5	7.5	果酸味、梅子味
30	7.2	7.7	7.2	7.2	7.3	雜陳味重、帶木質味與澀味
36	6.5	6.8	5.8	6.0	6.2	雜陳味、木質味、酸雜味

* 總分：外觀分數 *0.2+ 水色分數 *0.2+ 香氣分數 *0.3+ 滋味分數 *0.3，4 捨 5 入至小數點後 1 位。

（二）茶湯 pH 值、水分含量及水色的變化

紅烏龍茶使用封口夾貯藏 3 年期間 pH 值、水分含量和水色變化如圖 2-6-1～圖 2-6-3。

1. 茶湯 pH 值

紅烏龍茶於貯藏後 pH 值有顯著下降的趨勢，尤其在貯藏 24 個月後，pH 值大幅下降，經 36 個月的貯藏後 pH 值可從 6.27 降至 4.94。

2. 水分含量

紅烏龍茶水分含量於貯藏期間的變化可由圖 2-6-2 得知，於開封後含水量就迅速增加超過 3%，至貯藏 18 個月後水分含量皆在 4% 以上。

3. 水色

紅烏龍水色之 L* 值（明亮度）於貯藏時 1～12 個月間隨貯藏時間增加有逐漸下降的趨勢，但 18 至 36 個月之間 L* 值有顯著上升的趨勢。另外 a* 值（紅綠值，

＋紅、－綠）於貯藏後 1 個月明顯的下降，接下貯藏前 9 個月無明顯的變化，於 12 個月時有顯著上升的現象，至 18～36 個月時又開始下降。b* 值（黃藍值，＋黃、－藍）於貯藏時無明顯的變化，故可知紅烏龍茶隨著貯藏時間愈久，水色的明亮度則愈高，且色澤有變淡的趨勢。

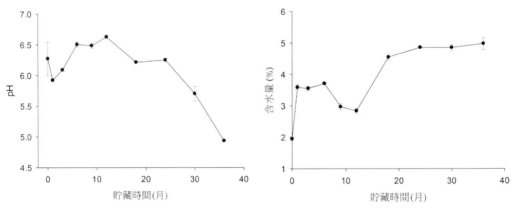

圖 2-6-1　紅烏龍茶貯藏不同時間之 pH 值變化

圖 2-6-2　紅烏龍茶貯藏不同時間之水分含量變化

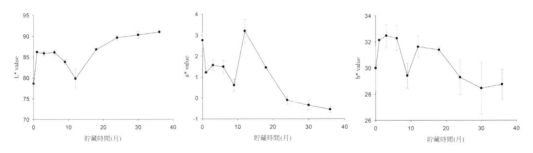

圖 2-6-3　紅烏龍茶貯藏不同時間之水色變化

（三）香氣的變化

香氣對於部分發酵茶是重要的品質指標，紅烏龍著重於花香、果香與甜香等香氣。依茶改場推出的臺灣特色茶風味輪 2.0 版的香氣成分分類，大致可分 6 大類型，分別為青香、花香、甜香、果香、焙香和其他。表 2-6-2 依據上述分類，將紅烏龍茶貯藏不同時間的香氣成分變化顯示出來。

1. **青香**

青香成分有些呈現出含量隨貯藏時間增加而逐漸減少的趨勢，如 1-Penten-3-ol、trans-2-Hexenal、2-Pentylfuran、α-Farnesene 等，有些則是增加後減少，如 Hexanal、trans-2-Hexenal 等。

2. **花香**

此類成分則大多是隨貯藏時間增加而逐漸減少，如 Phenylacetaldehyde、Linalool oxide、Linalool、Phenylethyl Alcohol 等，但也一些花香成分呈現隨貯藏時間增加而逐漸增加的趨勢，如 α-Ionone、trans-Geranylacetone 和 β-Ionone。

3. **甜香**

甜香成分中的 Benzyl alcohol 呈現隨貯藏時間增加而逐漸增加，而 2-Furanmethanol、γ-Hexanolactone 和 Hotrienol 則明顯貯藏時間增加而減少。

4. **果香**

果香成分有些呈現出含量增加趨勢，如 2-Heptanone、Methyl hexanoate、Methyl octanoate 和 Hexanoic acid, pentyl ester，有些呈現出含量減少趨勢，如 1-Pentanol、2,2,6-Trimethylcyclohexanone、cis-3-Hexenyl hexanoate。

5. **焙香**

焙香成分中 2-Acetylfuran 和 Benzaldehyde 是隨貯藏時間增加而逐漸增加，而 1-Ethyl-1H-Pyrrole 和 Furfural 則是減少。

6. **其他**

雜異味成分則大多呈現隨貯藏時間增加而逐漸增加，尤其是具有脂味的一些成分如 Propionic acid、Butanoic acid、Pentanoic acid、Hexanoic acid、Heptanoic acid、Octanoic acid 和 Nonanoic acid 等。

▼ 表 2-6-2　紅烏龍茶貯藏不同時間之香氣成分變化

滯留指數	香氣成分	貯藏時間（月）									
		0	1	3	6	9	12	18	24	30	36
	青香成分	----------------------------- 平均含量（%） -----------------------------									
693	1-Penten-3-ol	2.44	2.07	1.59	1.34	1.45	1.69	2.01	1.63	1.84	1.84
735	trans-2-Methyl-2-butenal	0.40	0.46	0.32	0.29	0.28	0.32	0.32	0.27	0.30	0.00
765	cis-2-Pentenol	1.33	1.50	1.30	1.31	1.50	1.77	1.81	1.45	1.71	1.79
800	Hexanal	4.36	6.49	5.10	3.70	4.44	4.16	3.51	2.93	2.67	2.72
847	trans-2-Hexenal	1.10	1.32	1.20	1.32	1.13	1.01	0.81	0.67	0.54	0.45
851	cis-3-Hexenol	0.00	0.62	0.77	0.88	0.59	0.54	0.54	0.51	0.49	0.49
864	trans-2-Hexenol	0.63	0.63	0.69	0.94	0.55	0.52	0.59	0.56	0.52	0.47
986	6-Methyl-5-hepten-2-one	1.88	2.66	2.31	2.14	2.21	2.65	2.65	2.63	2.75	2.60
990	2-Pentylfuran	3.50	3.03	2.85	2.61	1.95	2.61	2.25	2.52	2.27	2.11
1047	trans-β-Ocimene	0.26	0.24	0.20	0.25	0.00	0.00	0.00	0.00	0.00	0.00
1188	Methyl salicylate	0.18	0.17	0.32	0.32	0.32	0.25	0.00	0.00	0.00	0.00
1291	Theaspirane A	0.17	0.15	0.17	0.17	0.13	0.00	0.00	0.00	0.00	0.00
1508	α-Farnesene	4.70	1.91	0.00	1.14	0.00	0.00	0.00	0.00	0.00	0.00
	花香成分	----------------------------- 平均含量（%） -----------------------------									
1039	Phenylacetaldehyde	2.14	2.39	2.51	3.16	2.34	2.06	1.67	1.71	1.42	0.00
1069	cis-Linalool oxide (furanoid)	1.70	2.24	0.00	2.49	0.00	0.00	0.00	0.00	0.00	0.00
1086	trans-Linalool oxide (furanoid)	1.78	1.70	1.27	1.57	1.31	1.17	1.13	1.07	1.11	1.10
1100	Linalool	0.98	0.85	0.70	0.76	0.62	0.58	0.54	0.52	0.54	0.51
1109	Phenylethyl Alcohol	1.90	1.84	1.80	2.33	1.79	1.60	1.40	1.44	1.46	1.40
1172	trans-linalool oxide (pyranoid)	0.83	0.76	0.69	0.83	0.74	0.62	0.67	0.63	0.70	0.61
1257	trans-Geraniol	0.27	0.35	0.40	0.50	0.35	0.31	0.28	0.23	0.24	0.23
1424	α-Ionone	0.10	0.17	0.23	0.17	0.29	0.30	0.34	0.33	0.37	0.34
1453	trans-Geranylacetone	0.00	0.10	0.16	0.14	0.20	0.23	0.24	0.24	0.29	0.25
1483	β-Ionone	0.42	0.68	1.08	0.89	1.29	1.52	1.66	1.44	1.66	1.56
	甜香成分	----------------------------- 平均含量（%） -----------------------------									
854	2-Furanmethanol	1.91	0.92	0.76	1.21	0.77	0.74	0.91	0.80	0.69	0.70
1032	Benzyl alcohol	2.96	2.07	2.00	2.86	2.53	2.63	3.53	4.25	4.27	4.22
1050	γ-Hexanolactone	0.56	0.56	0.00	0.53	0.00	0.00	0.00	0.00	0.00	0.00
1104	Hotrienol	6.59	5.68	5.51	7.10	5.54	4.16	2.88	2.45	2.18	1.68
	果香成分	----------------------------- 平均含量（%） -----------------------------									
761	1-Pentanol	1.74	1.32	1.18	1.04	1.09	1.07	1.40	1.22	1.36	1.17
889	2-Heptanone	0.22	0.59	0.56	0.60	0.60	0.81	0.76	0.88	0.87	0.82
924	Methyl hexanoate	0.00	0.15	0.22	0.16	0.19	0.31	0.31	0.42	0.44	0.45

（續表 2-6-2）

滯留指數	香氣成分	貯藏時間（月）									
		0	1	3	6	9	12	18	24	30	36
1028	2,2,6-Trimethylcyclohexanone	0.55	0.51	0.50	0.43	0.52	0.00	0.00	0.00	0.00	0.00
1126	Methyl octanoate	0.00	0.00	0.12	0.00	0.00	0.16	0.17	0.24	0.24	0.22
1290	Hexanoic acid, pentyl ester	0.00	0.00	0.00	0.00	0.00	0.00	0.25	0.19	0.22	0.24
1383	cis-3-Hexenyl hexanoate	0.28	0.19	0.18	0.00	0.21	0.13	0.13	0.10	0.13	0.11
1388	Hexyl hexanoate	0.13	0.13	0.12	0.11	0.10	0.09	0.08	0.07	0.08	0.08
	焙香成分	----------------------------- 平均含量（%）-----------------------------									
811	1-Ethyl-1H-Pyrrole	0.39	0.28	0.19	0.24	0.10	0.08	0.08	0.07	0.03	0.00
828	Furfural	9.08	7.50	6.63	7.93	5.45	5.00	4.22	3.75	3.17	2.74
909	2-Acetylfuran	0.53	0.65	1.08	0.96	1.15	1.06	0.65	0.89	0.67	0.75
953	Benzaldehyde	1.49	2.18	2.11	2.10	2.19	2.30	2.32	2.47	2.65	2.51
1044	1-Ethyl-1H-pyrrole-2-carboxaldehyde	0.91	0.91	1.15	1.42	1.21	1.05	0.97	0.96	0.96	0.92
	其他成分（雜異味）	----------------------------- 平均含量（%）-----------------------------									
720	Propionic acid	0.00	0.61	0.76	0.00	0.83	0.99	1.65	1.49	1.97	2.73
804	Butanoic acid	0.00	0.00	0.00	0.00	0.00	0.00	0.15	0.28	0.25	0.47
900	cis-4-Heptenal	0.00	0.27	0.23	0.27	0.28	0.31	0.19	0.26	0.18	0.18
901	Heptanal	0.24	0.67	0.60	0.53	0.64	0.65	0.44	0.55	0.42	0.45
904	Pentanoic acid	0.00	0.22	0.22	0.15	0.76	0.62	0.47	1.92	0.84	1.47
970	Heptanol	0.18	0.45	0.41	0.34	0.44	0.49	0.63	0.58	0.63	0.65
979	3-Octenol	0.90	1.15	1.08	1.01	1.09	1.19	1.13	1.10	1.16	1.11
995	(E,Z)-2,4-Heptadienal	0.98	1.30	1.37	0.85	1.35	1.13	0.94	0.76	0.75	0.62
1002	Octanal	0.00	1.44	1.22	0.86	1.05	1.01	0.83	0.77	0.71	0.71
1005	Hexanoic acid	0.43	2.39	3.61	2.11	5.61	7.81	8.82	8.91	10.34	11.31
1008	(E,E)-2,4-Heptadienal	2.43	0.00	4.45	3.81	4.85	4.26	3.18	3.39	2.65	2.25
1056	trans-2-Octenal	0.36	0.88	0.88	0.53	0.82	0.75	0.55	0.56	0.46	0.45
1060	1-(1H-pyrrole-2-yl)-ethanone	1.89	1.38	1.19	1.41	0.97	0.78	0.75	0.83	0.90	0.81
1072	3,5-Octadienone isomer1	0.00	0.00	2.68	0.00	3.36	3.50	3.20	3.49	3.32	3.01
1092	3,5-Octadien-2-one isomer2	0.24	0.44	0.94	0.58	1.13	1.83	0.00	1.99	2.02	1.94
1097	Heptanoic acid	0.00	0.00	0.00	0.00	0.00	0.21	0.33	0.71	0.70	0.77
1102	2,6-Dimethylcyclohexanol	0.00	0.61	0.92	0.00	1.27	1.78	2.29	2.47	2.82	2.92
1139	2,6,6-Trimethyl-2-cyclohexene-1,4-dione	0.22	0.26	0.44	0.30	0.00	0.43	0.48	0.52	0.57	0.59
1184	Octanoic acid	0.00	0.00	0.24	0.00	0.43	0.48	0.83	0.90	0.97	0.65
1214	β-Cyclocitral	0.61	0.73	0.83	0.68	0.77	0.90	0.92	0.86	0.90	0.81
1282	Nonanoic acid	0.32	0.27	1.12	0.58	0.82	0.48	0.86	0.64	0.50	1.39

（四）化學成分的變化

茶葉的風味主要受到茶湯中的可溶性物質影響，而不同的組成成分產生不同的風味表現，茶湯主要的化學成分有多元酚類、咖啡因及游離胺基酸。兒茶素為多元酚類中最主要的物質。兒茶素依化學結構的不同分為酯型兒茶素與游離型兒茶素，游離型兒茶素類包括 Catechin（C）、Epicatechin（EC）、Gallocatechin（GC）及 Epigallocatechin（EGC）；酯型兒茶素類，是與沒食子酸酯化之兒茶素類，包含 Catechin-3-gallate（CG）、Epicatechin-3-gallate（ECG）、Gallocatechin-3-gallate（GCG）、Epigallocatechin-3-gallate（EGCG）。而紅烏龍的個別兒茶素含量大致排序為 EGCG>EGC>ECG>EC>GCG>CG>C。圖 2-6-4 與圖 2-6-5 分別為紅烏龍貯藏期間總兒茶素、表沒食子兒茶素沒食子酸酯（EGCG）變化圖，可觀察到總兒茶素、表沒食子兒茶素沒食子酸酯（EGCG）的含量在貯藏 1 至 6 個月間迅速增加，於 9 個月時含量最高，而兒茶素是具有苦澀味，這可能是造成紅烏龍於貯藏後澀味出現的原因之一。沒食子酸為茶葉中常見的有機酸，可由圖 2-6-6 觀察到，貯藏至 36 個月後沒食子酸含量相較貯藏前有明顯的增加，造成紅烏龍茶湯於貯藏後顯著的變酸。咖啡因相較於其他化學成分是較穩定的化合物，由圖 2-6-7 可知，紅烏龍咖啡因含量於貯藏 12 個月後含量變化程度就較少。

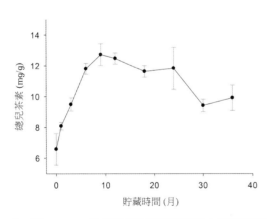

圖 2-6-4　紅烏龍茶貯藏不同時間之總兒茶素含量變化

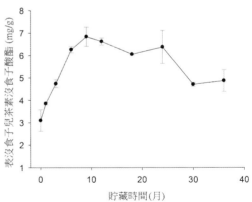

圖 2-6-5　紅烏龍茶貯藏不同時間之表沒食子兒茶素沒食子酸酯（EGCG）含量變化

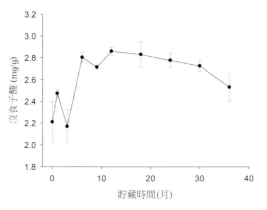
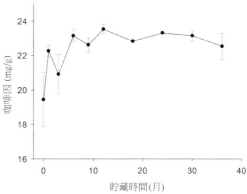

圖 2-6-6　紅烏龍茶貯藏不同時間之沒食子酸含量變化

圖 2-6-7　紅烏龍茶貯藏不同時間之咖啡因含量變化

三、討論

　　茶葉在貯藏過程中品質的劣變主要是受到水分、氧氣、溫度與光照等因素影響（石等，2011）。外界的環境條件的不同，產生不同的氧化、降解及生成與品質相關的負面成分（張與沈，2008），例如茶多酚與胺基酸的氧化、葉綠素轉化、維生素 C 及脂類氧化等，影響貯藏之後的風味品質。茶葉表面疏鬆多孔，能透過毛細管作用吸附水分，環境濕度增加也會導致茶葉水分含量增加（王等，2019），茶葉水分含量愈高，內容物的氧化反應愈快，也促進茶葉陳化（Arslan and Togrual, 2006）。本試驗貯藏 18 個月後茶葉水分含量皆於 4% 以上，因包裝密封程度較差，加速陳化的速度，之後產生了梅子味與木質味等不良的滋味。

　　劉等（2020）利用了祁門紅茶與雲南紅茶進行貯藏，隨著貯藏的時間增加，茶湯的 a* 值隨之下降，而 L* 值有上升的趨勢。本次試驗也有相同的現象，紅烏龍茶之水色也隨著貯藏時間增加，茶湯之 a* 值會有下降而 L* 值會有上升之趨勢，表示茶湯會有亮度增加而水色變淡的現象。貯藏期間 pH 值在 12 個月時為最高，但之後至 24 個月後明顯的迅速下降，36 個月 pH 值為最低，可能也是造成感官品評時有酸味的原因之一。

　　根據前人研究指出文山包種茶中的 Hexanal、benzeneacetaldehyde

(phenylacetaldehyde)、phenylethyl alcohol 和 α-farnesene 等成分會隨貯藏時間增加而逐漸消失（蔡等，2011）。在紅烏龍茶的貯藏處理中 phenylethyl alcohol 和 phenylacetaldehyde 從貯藏 12 個月後就逐漸減少，α-farnesene 在處理中於貯藏 6 個月後消失，與前人試驗的結果表現是相似的，具有花香的香氣成分會隨著貯藏時間增加逐漸地減少。具有青香的香氣成分是由醛類（如 Hexanal）或醇類產生，這類化合物大多由非飽和脂肪酸降解而成（Wang et al., 2011），而在試驗中 Hexanal 此揮發性物質，於貯藏前 12 個月皆有較高的相對含量，之後也逐漸地減少，代表著青香也會隨貯藏時間增加逐漸降低。另外，於貯藏試驗中所出現的揮發性成分，具有焙香的 Furfural、benzaldehyde，具甜香味的 Hotrienol、benzyl alcohol，具有果香的 1-Pentanol，和具有花香味的 Phenylacetaldehyde、phenylethyl alcohol，這些香氣成分都有出現在紅烏龍茶中，這些香氣成分讓紅烏龍茶有焙香及花果香的風味表現，但 Furfural、Hotrienol、1-Pentanol、Phenylacetaldehyde、Phenylethyl Alcohol 這些香氣成分在貯藏 12 個月後就逐漸減少，而具有雜異味的 Hexanoic acid、Propionic acid、3,5-Octadienone isomer1 香氣成分隨著貯藏時間增加相對含量也有上升的趨勢，這也可以對應到表 2-6-1 的感官品評的結果，於貯藏後具雜陳味加劇且品質下降的原因。

石等（2016）研究雲南紅茶 5 年貯藏過程中主要化學成分的變化，發現咖啡因、沒食子酸 Gallic acid（GA）、EGCG、ECG、茶黃質含量隨著紅茶儲存年分的增加而減少。鮑等（2013）使用了野生山茶作為試驗材料，進行貯藏 5 年期間兒茶素也是逐漸減少，在貯藏 1 至 3 年期間兒茶素含量減少較明顯，而在貯藏 3 至 5 年期間，減少便較為緩慢。一般認為茶葉中兒茶素是澀味感受的來源，紅烏龍茶於貯藏期間總兒茶素與表沒食子兒茶素沒食子酸酯（EGCG）的含量在貯藏 1 至 6 個月間迅速增加，可能是讓紅烏龍茶的苦澀味增加的原因，但貯藏 6 個月之後總兒茶素與表沒食子兒茶素沒食子酸酯（EGCG）的含量又逐漸的下降，與前人研究的結果相似。

沒食子酸為兒茶素異構物的分解產物（Lee et al., 2008），也是茶葉中常出現的有機酸。折等人（2005）將普洱茶進行貯藏後，發現貯藏期間沒食子酸含量顯著增加，本試驗也是沒食子酸含量在貯藏 1 至 6 月期間顯著增加的現象。另外，一般茶葉貯藏時沒食子酸含量會先增加再下降，與茶葉貯藏時風味先變酸再轉化掉酸味

的現象應有所關連（楊，2018），在本試驗的現象也有相似的現象，在貯藏 18 個月後沒食子酸含量開始有下降的趨勢。

　　最後總結，紅烏龍茶開封後使用封口夾進行貯藏，在 1 個月後感官品評就開始有悶沉與雜陳味的產生，貯藏時間愈久品評分數則愈低。茶葉水分含量在 18 個月後皆達到 4% 以上，讓茶葉加速劣變，外觀失去光澤，茶湯水色也逐漸變淡。到 24 個月後 pH 值也明顯的迅速下降，也讓茶湯有酸味的產生。在香氣成分中，具有花果香與焙香的香氣分子在貯藏 12 個月後就逐漸減少，而具有雜異味的香氣分子則逐漸增加。紅烏龍茶化學成分中的總兒茶素與表沒食子兒茶素沒食子酸酯（EGCG），在貯藏 1 至 6 個月間迅速增加，則是造成貯藏後苦澀味的原因。另外，沒食子酸含量在貯藏 1 至 6 月期間顯著增加的現象，也是造成茶湯變酸的原因之一。

四、參考文獻

1. 王近近、袁海波、陶瑞濤、鄧余良、滑金傑、董春旺、江用文、王霽昀。2019。溫度和濕度對龍井綠茶和工夫紅茶貯藏品質的影響。食品與發酵工業 45(24): 209-217。

2. 石若瑜、陳際名、黃業偉。2016。雲南紅茶貯存中主要化學成分變化及茶紅素、茶褐素功效的研究。雲南農業大學學報 31(6): 1097-1102。

3. 折改梅、張香蘭、陳可哥、張穎君、楊崇仁。2005。茶氨酸和沒食子酸在普洱茶中的含量變化。雲南植物研究 27(5): 572-576。

4. 吳聲舜。2012。臺灣新興特色茶 - 紅烏龍介紹。農政與農情 235: 94-96。

5. 張嵐翠、沈生榮。2008。茶葉及茶飲料貯藏保鮮技術研究進展。茶葉 34(3): 156-159。

6. 楊美珠。2018。茶葉兒茶素之代謝機制與生物活性。國立臺灣大學生物資源暨農學院園藝暨景觀學系博士論文。

7. 蔡怡婷、蔡憲宗、郭介煒。2011。文山包種茶不同年份茶葉品質變化之研究。嘉大農林學報 8(1): 67-79。

8. 劉亞文、王凱茜、于飛、陳聰、陳淑娜、呂楊俊、朱躍進、孔俊豪、楊秀芳、吳媛媛、何普明、屠幼英、李博。2020。工夫紅茶在高溫加速陳化貯

藏模型中的感官品質及非揮發性成分變化。中國茶葉加工 4: 45-51。

9. 鮑曉華、董玄、潘思軼。2013。野生古樹茶貯藏中化學成分變化研究。食品研發與開發 34: 123-126。

10. Arslan, N. and Hasan T. 2006. The fitting of various models to water sorption isotherms of tea stored in a chamber under controlled temperature and humidity. Journal of Stored Products Research. 42(2): 112-135.

11. Lee, S. Y., Dou, J., Chen, J. Y., Lin, R. S., Lee, M. R., and Tzen, T. C. 2008. Massive accumulation of gallic acid and unique occurrence of myricetin, quercetin, and kaempferol in preparing old oolong tea. Journal of Agricultural and Food Chemistry 56: 7950-7956.

12. Wang, Y. Y., Li, B. Q., Qin, G. Z., Li L., and Tian, S. P. 2011. Defense response of tomato fruit at different maturity stages to salicylic acid and ethephon. Scientia Horticulture 129: 183-188.

07

不同貯藏時間之東方美人茶品質及化學成分變化

黃宣翰、郭芷君、邱喬嵩、楊美珠、蔡憲宗

一、前言

　　東方美人茶爲重度發酵的部分發酵茶，學術上稱爲白毫烏龍茶，又稱膨風茶或椪風茶，其起源可能源於日治時期的客家庄。東方美人茶之茶菁需採自受小綠葉蟬刺吸（著蜒）的幼嫩茶芽，經重萎凋、重攪拌，在炒菁後需用濕布巾悶置回潤，才能揉捻成型。標準的東方美人茶之茶葉外觀具五種顏色的特徵，包含嫩芽茸毛的白、老熟茶菁的綠、成熟茶菁的黃、正常及受刺吸嫩芽經重發酵所衍生的橙紅及褐黑，茶葉外觀顏色多變，猶如花朵，茶湯水色呈橙紅色，具天然的蜜香或熟果香，滋味圓柔醇厚。東方美人茶爲部分發酵茶的一種，適製的品種眾多，其中以青心大有品種製成的東方美人茶數量最多且最具代表性（陳等，2004）。主要生產於新北市石碇區、桃園市龍潭區、新竹縣北埔、峨眉及苗栗縣頭份、銅鑼一帶茶區。因受製程及茶菁原料影響，使東方美人茶帶有豐富的水果香氣，常見有水蜜桃、柑橘、鳳梨、芒果及荔枝等香氣，此外受小綠葉蟬刺吸產生的蜂蜜甜香也是十分重要的香氣表現。

　　茶葉在貯藏過程中的品質變化深受環境所影響，百年前的古人即觀察到此一現象，明代羅廩所著之《茶解》中是這樣寫的：「藏茶宜燥又宜涼，濕則味變而香失，熱則味苦而色黃」。現代研究則證實影響茶葉品質變化的主要因素有水分、氧氣、溫度及光照，此四個因子相互交感，促使茶葉發生自動氧化作用（崔峰，2008）。茶葉的貯藏對東方美人茶亦相當重要，東方美人茶之茶菁原料得來不易，被刺吸過的茶芽，嫩芽黃化萎縮、葉緣變褐，嚴重時甚至嫩芽葉脫落，明顯降低茶菁產量（蕭和朱，2002），這也造成東方美人茶量少而價高。然而，此前針對東方美人茶之研究多半聚焦於茶菁受小綠葉蟬刺吸後其成分變化之差異性，少見貯藏相關研究資料，對於長期貯藏之化學成分及風味變化等資料相當匱乏。因此本研究以封口夾包裝來模擬消費者購買茶葉開封後之日常貯藏方式，記錄其感官品評和化學成分等科學數據資料，探究貯藏時間與品質之相關性，以作爲貯藏東方美人茶的科學依據。

二、結果

　　以民國106年（2017）7月自桃園地區採購之青心大冇東方美人茶為試驗材料。本研究以封口夾包裝來模擬消費者購買茶葉開封後之日常貯藏方式。東方美人茶貯藏期間平均溫度室溫為 23.8±4.3℃，濕度為 51.8±7.5%，於貯藏 3 年間定期進行感官品評、香氣成分及相關化學成分分析。

（一）感官品評變化分析

　　本研究所使用的東方美人茶新鮮茶樣之特徵為水色橙紅，具淡淡的蜜香，及柑橘或鳳梨般的熟果香，同時仍帶有菁味，其貯藏 3 年期間的感官品評結果如表 2-7-1。

1. 外觀色澤及水色

　　東方美人茶外觀白、綠、黃、紅、褐五色相間，在貯藏期間無法以肉眼評斷有變化之差異；水色於貯藏期間亦維持橙紅色，無法以肉眼評斷是否有變化，因此評鑑分數仍維持與原樣（貯藏 0 月）相同為 7 分。

2. 風味（香氣、滋味）

　　茶樣經貯藏 1 個月後仍帶有新鮮茶樣的風味，帶有淡蜜香與菁味，不過有感受到粗澀感，因此品評總分下滑至 6.5 分；貯藏 3 個月後蜜香已若有似無，並已有微微陳味與酸味產生，品評分數微降至 6.2 分；6 個月後陳味明顯轉強；至貯藏 9 個月後澀感漸增，陳味與酸味併存，品評分數持續降至 5.6；貯藏 12 個月後陳味有往木質調香氣轉變，澀感也持續地提高；18 個月後整體風味相較之下前幾個月亦有明顯轉淡的趨勢，至貯藏 24 個月分數皆維持在 5.4 分；直至貯藏 30 個月之後開始出現了酸梅味等類似老茶之風味，因此評鑑分數又更進一步地下滑。綜合感官品評結果，茶葉在開始貯藏的那一刻開始，茶葉品質即不斷地下滑，加上本研究所使用之原始茶樣，本身即不具有濃郁的蜜香香氣，當雜異味產生時遂會遮蔽住蜜香，使感官品質逐漸與新鮮茶樣漸行漸遠。此外，從另一個角度來看，在氧氣充足的條件之下，東方美人茶的風味轉變會相當快速，貯藏至後期時會有酸梅味的產生。

▼ 表 2-7-1　東方美人茶貯藏不同時間之感官品評結果

貯藏時間 （月）	外觀 （30%）	水色 （20%）	風味		總分 *	敘述
			香氣 （25%）	滋味 （25%）		
0	7.0	7.0	6.9	7.0	7.0	淡蜜香、菁、果香
1	7.0	7.0	6.3	5.9	6.5	淡、菁、澀、淡蜜香、果香
3	7.0	7.0	5.5	5.1	6.2	菁、微陳味、悶、酸、澀
6	7.0	7.0	5.0	4.7	5.9	陳味、酸、澀
9	7.0	7.0	4.4	3.9	5.6	陳味、酸、澀強
12	7.0	7.0	4.0	3.7	5.4	木質、酸、陳味、澀強
18	7.0	7.0	3.9	3.6	5.4	淡
24	7.0	7.0	3.8	3.8	5.4	陳味、淡
30	7.0	7.0	3.4	3.6	5.3	酸、酸梅味、木質、淡
36	7.0	7.0	3.1	3.1	5.1	酸梅味、陳味重

* 總分：外觀分數 *0.3+ 水色分數 *0.2+ 香氣分數 *0.25+ 滋味分數 *0.25，4 捨 5 入至小數點後 1 位。

（二）茶湯 pH 值、水分含量及水色的變化

1. 茶湯 pH 值

　　東方美人茶貯藏 36 個月的茶湯 pH 值變化如圖 2-7-1，在前 12 個月的貯藏，茶湯 pH 值沒有明顯的變動，仍維持在 4.8 左右，而在貯藏第 18 個月時茶湯 pH 值會有明顯的下滑趨勢至 4.7 左右，其後逐漸降低，至第 36 個月 pH 值達到最低。因此從趨勢變化之結果來看，東方美人茶貯藏時有茶湯酸化之現象。

2. 水分含量

　　進一步分析東方美人茶之水分含量變化如圖 2-7-2，結果顯示東方美人茶之初始茶乾含水量有些許偏高，其因可能為試驗材料採外購所導致。於貯藏 36 個月間，水分含量在 6%～7% 之間呈現上下震盪之變化，並無明顯受外界環境濕度影響而有逐漸升高之現象，這也有可能是受原始茶樣含水量就稍高所導致。

3. 水色

　　本研究採用 CIELAB 色彩空間來表示茶湯水色的變化，其是國際照明委員會（International Commission on Illumination, CIE）在 1976 年所定義的色彩空間，它將色彩用 3 種數值表達，「L*」代表明亮程度；「a*」代表紅綠程度，正值為紅色，負值為綠色；「b*」表黃藍程度，正值為黃色，負值為藍色。東方美人茶的水

色變化結果顯示，L* 值似乎有隨貯藏時間提高之趨勢；a* 值在貯藏期間呈現波動變化，無觀測到固定的變化趨勢；b* 值則似乎在 36 個月的貯藏期間有下滑，往藍色轉變之趨勢，這代表水色逐漸脫離了新鮮茶樣展現的橙黃色（圖 2-7-3），但後續仍需持續觀察此變化是否穩定。

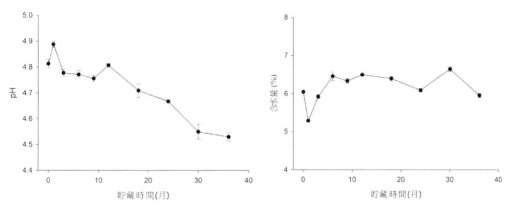

圖 2-7-1　東方美人茶貯藏不同時間之 pH 值變化　　圖 2-7-2　東方美人茶貯藏不同時間之水分含量變化

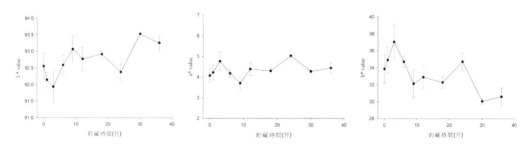

圖 2-7-3　東方美人茶貯藏不同時間之水色變化

（三）香氣的變化

　　類胡蘿蔔素（carotenoids）和脂質（lipids）的氧化，是茶葉製程中產生迷人香氣的重要反應。然此二者之化學反應，除可利用酵素催化之外，亦可在沒有酵素活性的條件下，藉由氧氣發生自動氧化作用，也因此在茶葉貯藏過程中，茶葉香氣的組成會持續發生變化。今透過氣相層析質譜儀等高階儀器的協助，篩選東方美人

茶香氣成分中，具有顯著變化之揮發性化合物呈現如表 2-7-2。茶葉中有數種典型帶有青香、草香的揮發性化合物，包括 trans-2-Pentenal、Hexanal（己醛）、trans-2-Hexenal（青葉醛）、cis-3-Hexenol（葉醇）、trans-2-Hexenol（反 -2- 己烯醇）、1-Hexanol（己醇）、trans-β-Ocimene（羅勒烯），其含量有隨貯藏時間增加而下降的趨勢。此外青香成分並非僅會呈現下降之趨勢，6-Methyl-5-hepten-2-one 是同時具有青草和油脂風味的香氣化合物（Wang et al., 2008），其在 3 年貯藏過程中含量會逐漸提升。

在貯藏的過程中可發現 cis-Linalool oxide (furanoid)、trans-Linalool oxide (furanoid)、Linalool（芳樟醇）、Phenylethyl Alcohol（苯乙醇）、trans-Geraniol（香葉醇）等茶葉重要的花香代表性物質，在貯藏過程中含量會持續減少；東方美人茶中重要的甜香香氣成分 Hotrienol 亦可觀察到其含量呈現遞減之趨勢，經過 36 個月的貯藏，含量可從 5.91% 降低至 1.81%。上述花香與甜香化合物在貯藏過程中含量減少或許也是感官品評會越來越淡的可能原因之一。α-Ionone（α- 紫羅蘭酮）和 β-Ionone（β- 紫羅蘭酮）是類胡蘿蔔素的降解產物，帶有木質、莓果、花香及堅果香，其中 α-Ionone 並不存在於新鮮茶葉，而 β-Ionone 在新鮮茶葉中僅存在微量，但茶葉開始貯藏後，茶葉接觸到空氣，α-Ionone 便會生成且穩定存在，β-Ionone 含量則會逐漸累積提高，加上感官品評結果中隨著貯藏時間增加，茶樣之香氣調性會往木質調轉變，因此推測此兩個成分有可能是木質味的主要來源成分之一。

東方美人茶中有許多呈現果香的酯類化合物，其含量會隨著貯藏時間增加而在茶葉中逐漸累積，包括了 Methyl hexanoate、cis-Methyl-3-hexenoate、Methyl octanoate、trans-2-Hexenyl butanoate、trans-2-Hexenyl-2-methylbutyrate 和 dihydroactioidiolide，而在多個果香化合物的作用之下，貯藏 30 個月所產生的酸梅味或許也與其有關。

trans-2-Octenal、3,5-Octadienone isomer2 與 (E,E)-2,4-Heptadienal 約在貯藏 6 個月後生成，對照感官品評結果 9 個月後茶樣開始出現油耗味，因此推測此三種化合物構成了油耗味這個不良風味。另有數種成分可能與茶葉中的陳味有相關性，包括 2,6,6-Trimethyl-2-cyclohexene-1,4-dione 具有霉味與木質香，以及具有木質香的 β-Cyclocitral 與 2,6-Dimethylcyclohexanol，其在貯藏的茶葉中皆有明顯累積的

效應，推測與茶樣的陳味具有一定之相關性。此外羧酸是醇、醛、酮類化合物氧化反應的終點產物，當氧氣存在的條件不變下，可預期茶葉中會生成有機酸類，除Hexanoic acid 之外，在貯藏至 30 個月後偵測到了 Propanoic acid，Propanoic acid 帶有刺激的酸味，對照感官品評結果，其可能是茶葉貯藏產生雜味的重要原因之一。

▼ 表 2-7-2　東方美人茶貯藏不同時間之香氣成分變化

滯留指數	香氣成分	貯藏時間（月）									
		0	1	3	6	9	12	18	24	30	36
	青香成分	------------------------------ 平均含量（%）------------------------------									
746	trans-2-Pentenal	0.39	0.51	0.56	0.53	0.61	0.38	0.31	0.28	0.28	0.17
800	Hexanal	3.60	4.11	3.51	3.43	3.83	2.35	2.18	2.24	2.76	2.00
847	trans-2-Hexenal	1.01	0.85	0.86	0.85	0.92	0.68	0.73	0.67	0.58	0.47
851	cis-3-Hexenol	2.07	1.48	1.34	1.39	1.37	1.15	1.23	1.28	1.54	1.38
864	trans-2-Hexenol	0.97	0.61	0.47	0.50	0.49	0.38	0.32	0.30	0.40	0.42
867	1-Hexanol	1.30	0.97	0.72	0.79	0.78	0.65	0.64	0.62	0.79	0.85
986	6-Methyl-5-hepten-2-one	0.87	0.82	0.96	0.96	1.44	1.41	1.34	1.46	1.58	1.56
1047	trans-β-Ocimene	0.44	0.37	0.26	0.21	0.17	0.07	0.00	0.00	0.00	0.00
	花香成分	------------------------------ 平均含量（%）------------------------------									
1069	cis-Linalool oxide (furanoid)	7.36	7.92	9.83	8.07	9.75	8.92	9.96	8.90	8.24	7.74
1086	trans-Linalool oxide (furanoid)	9.32	7.96	8.53	7.16	7.36	6.83	7.63	7.12	7.49	6.89
1100	Linalool	5.65	5.07	4.68	3.65	3.86	3.9	3.72	3.36	3.33	3.08
1109	Phenylethyl Alcohol	6.26	5.12	5.49	5.03	5.47	4.87	5.56	5.26	4.59	4.08
1257	trans-Geraniol	5.00	3.80	2.98	2.84	2.52	2.34	2.30	2.00	1.68	1.57
1424	α-Ionone	0.00	0.076	0.19	0.39	0.22	0.23	0.47	0.52	0.51	0.50
1453	trans-Geranylacetone	0.00	0.09	0.14	0.17	0.16	0.19	0.18	0.23	0.25	0.27
1483	β-Ionone	0.35	0.54	1.10	1.06	1.20	1.25	1.44	1.65	1.30	1.41
	甜香成分	------------------------------ 平均含量（%）------------------------------									
1104	Hotrienol	5.91	4.03	3.24	2.96	3.00	2.43	2.50	2.24	1.88	1.81
1357	γ-Nonalactone	0.00	0.00	0.00	0.00	0.00	0.00	0.00	0.00	0.23	0.23
	果香成分	------------------------------ 平均含量（%）------------------------------									
924	Methyl hexanoate	0.07	0.10	0.11	0.11	0.12	0.15	0.22	0.28	0.41	0.36
932	cis-Methyl-3-hexenoate	0.00	0.00	0.00	0.00	0.00	0.00	0.00	0.00	0.05	0.05
1126	Methyl octanoate	0.00	0.00	0.00	0.00	0.00	0.00	0.07	1.00	0.00	0.09
1197	trans-2-Hexenyl butanoate	0.00	0.00	0.32	0.25	0.25	0.24	0.24	0.23	0.24	0.19
1242	trans-2-Hexenyl-2-methylbutyrate	0.00	0.00	0.27	0.00	0.24	0.26	0.21	0.17	0.21	0.20

（續表 2-7-2）

滯留指數	香氣成分	貯藏時間（月）									
		0	1	3	6	9	12	18	24	30	36
1519	dihydroactioidiolide	0.00	0.00	0.00	0.00	0.00	1.12	1.11	1.08	1.04	1.06
	焙香成分	------------------------------ 平均含量（%）------------------------------									
828	Furfural	1.40	0.93	0.66	0.55	0.84	0.63	0.63	0.60	0.79	0.59
953	Benzaldehyde	3.87	3.79	4.59	3.40	4.96	5.18	5.85	6.35	5.41	5.34
	其他成分（雜異味）	------------------------------ 平均含量（%）------------------------------									
720	Propanoic acid	0.00	0.00	0.00	0.00	0.00	0.00	0.00	0.00	0.32	0.36
889	2-Heptanone	0.34	0.38	0.38	0.35	0.38	0.35	0.50	0.59	0.78	0.74
927	α-Pinene	0.00	0.00	0.00	0.00	0.00	0.00	0.00	0.00	0.10	0.08
970	Heptanol	0.12	0.22	0.20	0.17	0.21	0.38	0.31	0.33	0.38	0.38
1005	Hexanoic acid	0.00	2.83	3.25	4.30	4.56	3.89	2.60	2.53	3.38	4.32
1008	(E,E)-2,4-Heptadienal	0.00	1.98	2.38	2.16	3.00	2.34	2.98	2.17	2.33	1.75
1056	trans-2-Octenal	0.55	0.61	0.55	0.46	0.55	0.47	0.39	0.29	0.20	0.24
1092	3,5-Octadienone isomer2	0.40	0.96	1.27	0.88	1.21	1.43	1.64	1.71	1.46	1.38
1102	2,6-Dimethylcyclohexanol	0.00	0.37	0.97	0.98	1.28	1.44	1.86	1.92	2.10	1.89
1139	2,6,6-Trimethyl-2-cyclohexene-1,4-dione	0.15	0.21	0.32	0.31	0.32	0.42	0.48	0.57	0.47	0.47
1214	β-Cyclocitral	0.39	0.47	0.78	0.70	0.70	0.68	0.87	0.87	0.83	0.73

（四）化學成分的變化

除揮發性的香氣成分外，茶葉中的可溶性化學成分亦可能受到貯藏時間和氧氣的影響而產生變化。圖 2-7-4 呈現了東方美人茶的沒食子酸含量變化，結果顯示與原樣相較，經貯藏後東方美人茶的沒食子酸含量有增加現象，而從 pH 值之變化結果可以得知，茶湯 pH 值有持續下降的趨勢，因此推測沒食子酸可能對於 pH 值降低具有部分貢獻。圖 2-7-5 為東方美人茶的咖啡因含量變化，整體而言咖啡因含量有增加之現象，其原因尚未可知。茶葉中之兒茶素類主要由 8 種單品組成，包括 4 種游離型兒茶素，分別為沒食子酸兒茶素（Gallocatechin, GC）、表沒食子兒茶素（Epigallocatechin, EGC）、兒茶素（Catechin, C）、表兒茶素（Epicatechin, EC），及 4 種酯型兒茶素，分別為表沒食子兒茶素沒食子酸酯（Epigallocatechin gallate, EGCG）、沒食子兒茶素沒食子酸酯（Gallocatechin gallate, GCG）、表兒茶素沒食子酸酯（Epicatechin gallate, ECG）、兒茶素沒食

子酸酯（Catechin gallate, CG）。而東方美人茶的沒食子酸兒茶素（Gallocatechin, GC）含量過低，並不具定量意義，其餘個別兒茶素含量多寡粗略排序為 EGCG>EGC>ECG>EC>C ≒ GCG>CG，以 EGC 及 EGCG 兩者含量最高。其中 EGC 無明顯變化趨勢（圖 2-7-6）；EGCG 則是在貯藏第 36 個月有增加之現象（圖 2-7-7），在總兒茶素含量之部分（圖 2-7-8），亦有觀察到同樣之現象，但僅有單點之差異有可能是取樣誤差所導致，其正確的趨勢變化仍待後續更久之貯藏試驗數據證實。參照感官品評結果可發現，隨著貯藏時間的增加，茶湯粗澀感漸強的現象非常明顯，但兒茶素含量變化並無相對應之趨勢。在一般的認知中，普遍認為兒茶素是造就茶湯苦澀之主因，但透過本試驗證實於茶葉貯藏過程中，造成茶湯澀感的原因並非兒茶素。

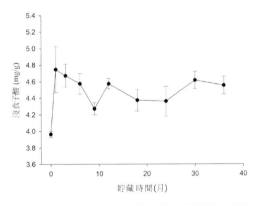

圖 2-7-4　東方美人茶貯藏不同時間之沒食子酸含量變化

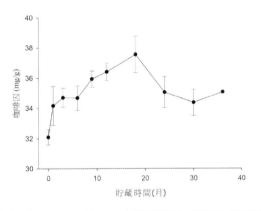

圖 2-7-5　東方美人茶貯藏不同時間之咖啡因含量變化

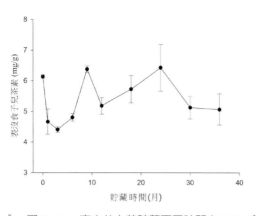

圖 2-7-6 東方美人茶貯藏不同時間之 EGC 含量變化

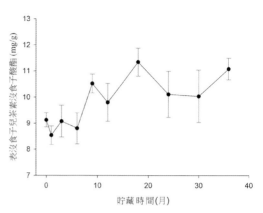

圖 2-7-7 東方美人茶貯藏不同時間之 EGCG 含量變化

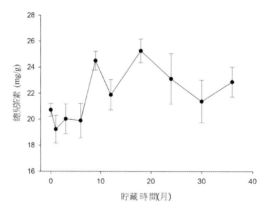

圖 2-7-8 東方美人茶貯藏不同時間之總兒茶素含量變化

三、討論

　　茶葉的香氣成分大部分是製茶加工過程中產生，其來自四個主要的路徑，類胡蘿蔔素（carotenoids）、脂質（lipids）、糖苷類（glycosides）之氧化降解和梅納反應（Maillard reaction）（Ho et al., 2015）。其中類胡蘿蔔素和脂質的自動氧化因不需酵素參與，所以在茶葉貯藏的過程中會持續進行，進而不斷改變茶葉香氣的組

成。馬等（2017）試驗結果顯示，隨著茶葉貯藏時間延長，脂類化合物發生水解及氧化反應，形成低分子的醛、酮、醇類等代謝產物是茶葉產生雜異味的主要原因。本研究以封口夾進行包裝，在氧氣可自由通透之情形下，可預期隨貯藏時間增加，茶樣感官品評結果會與新鮮茶樣有顯著差異。而實際對照感官品評結果發現，東方美人茶之蜜香會消失，有可能是蜜香成分降解導致低於閾值，亦或是受到揮發性成分之間的交感作用影響，被雜異味所遮蔽。此外風味變淡，酸、澀、陳味是貯藏的主要風味特徵，但貯藏至後期似乎有轉化之感。

在本研究中有觀察到東方美人茶 pH 值有隨貯藏時間而下降之趨勢，在許多前人研究中亦有觀察到同樣之現象（蔡等，2010；陳等，2017）。另對照感官品評結果，酸味是貯藏過程中會出現的特徵風味，因此酸味的風味感受或許也跟 pH 值之變化具有一定的相關性。

小綠葉蟬刺吸產生的蜂蜜甜香是東方美人最重要的風味特徵，亦是維持產品價值的核心元素。胡等（2005）以臺茶 12 號為材料，比較小綠葉蟬刺吸與否之茶菁所製成之茶葉，發現受刺吸之處理中，其顯著增加的成分為 Benzaldehyde、Benzyl alcohol、trans-Linalool oxide (furanoid)、cis-Linalool oxide (furanoid)、Linalool、Hotrienol、Phenylethyl Alcohol、Epoxylinalool、trans-linalool oxide (pyranoid)、2,6-Dimethyl-3,7-octadiene-2,6-diol 等成分，推測應是構成蜂蜜香和熟果香的主要成分。Mei et al.（2017）研究顯示茶芽經小綠葉蟬刺吸後會誘導生成 2,6-dimethyl-3,7-octadien-2,6-diol，此化合物經製茶過程中的加熱（脫水）反應後生成 Hotrienol，此化合物即是造就東方美人茶獨特蜂蜜香氣的關鍵化學分子。在表 2-7-2 的香氣成分變化表中可知，東方美人茶中重要的甜香香氣成分 Hotrienol 含量呈現遞減之趨勢，經過 36 個月的貯藏，含量可從 5.91% 降低至 1.81%，減少之幅度達 69%，對照感官品評結果，貯藏 3 個月後蜜香已若有似無，顯示東方美人茶的蜜香應無法長久保存。

在本研究中可發現青香化合物含量隨貯藏時間增加而下降的趨勢十分明顯，在 3 年的過程中 trans-2-Pentenal 下降幅度達 56%、Hexanal（己醛）下降幅度達 44%、trans-2-Hexenal（青葉醛）下降幅度可達 53%、cis-3-Hexenol（葉醇）為 33%、trans-2-Hexenol（反 -2- 己烯醇）為 57%、1-Hexanol（己醇）為 35%、trans-β-Ocimene（羅勒烯）甚至達 100%，這或許是品評過程中茶葉菁味會減弱的原因之一。

前人研究顯示，透過亞麻油酸或亞油酸等不飽和脂肪酸氧化生成的化合物 (E,E)-2,4-Heptadienal 是陳年茶特有的成分（陳等，1998），其帶有油脂味及堅果味。而本研究亦有同樣發現，(E,E)-2,4-Heptadienal 在貯藏 1 個月後即可生成。前人研究顯示，3,5-Octadienone 是亞麻籽油氧化後主要生成的酮類物質（袁等，2023），在本研究亦觀察到其含量會隨時間呈倍數的成長。馬等（2017）研究顯示，茶葉中殘存的不飽和脂肪酸，在貯藏過程中自動氧化是造成茶葉品質劣變的原因。此外亦有研究指出速溶綠茶中脂肪酸含量僅為綠茶原料的 0.5%，在倉庫中存放數年之久，也較少出現品質劣變現象，可能是由於脂肪酸類物質是脂溶性，用水不易萃取，相對於茶葉，速溶綠茶少了很多脂肪酸氧化反應，有利於品質穩定性（Zhu et al. 2001）。因此若要維持新鮮茶葉的風味，最重要的是減少茶葉接觸到氧氣的機會，來防止脂肪酸氧化降解，或是提高發酵程度，減少茶葉中殘存的脂肪酸含量，或許也有助於減緩茶葉雜異味的生成速率。

在化學成分之部分，東方美人茶經貯藏後沒食子酸含量有增加之現象，而從 pH 值之變化結果可以得知，茶湯 pH 值也有持續下降的趨勢，因此推測沒食子酸可能對於 pH 值降低具有部分貢獻。許多前人研究也指出茶葉加工過程與貯藏亦會改變沒食子酸之含量。楊等（2018）研究顯示，隨烘焙溫度與時間增加，沒食子酸含量逐漸增加。袁等（2018）研究顯示，廣東單叢茶貯藏 10 年後沒食子酸含量有顯著增加之趨勢。Ning et al.（2016）研究指出隨著存放年分的增加，白茶的沒食子酸含量會逐漸提高。

本研究結果顯示經過 3 年的貯藏，東方美人茶中的兒茶素 EGC 無明顯變化趨勢；EGCG 則是在貯藏第 36 個月有增加之現象，在總兒茶素含量之部分，亦有觀察到同樣的現象，但僅有單點之差異有可能是取樣誤差所導致，而事實上前人研究探討貯藏對茶葉兒茶素含量之影響各有所不同（林等，2020）（曾等，2017；袁等，2018），其正確的趨勢變化，仍待後續更久之貯藏試驗數據證實。

四、參考文獻

1. 林燕萍、龍樂、宋煥祿、劉寶順、黃毅彪。2020。貯藏時間對武夷岩茶金鎖匙生化成分及感官品質的影響。食品科學技術學報 38 (5):119-126。

2. 胡智益、李志仁。2005。小綠葉蟬吸食茶菁對白毫烏龍茶香氣成份之影響。臺灣茶業研究彙報 24: 65-76。

3. 袁彬宏、陳亞淑、周琦、鄧乾春。2023。亞麻籽油揮發性風味物質研究進展。食品科學 44(19): 290-298。

4. 袁爾東、段雪菲、向麗敏、孫伶俐、賴幸菲、黎秋華、任嬌豔、孫世利。2018。貯藏時間對單叢茶成分及其抑制脂肪酶、α 葡萄糖苷酶活性的影響。華南理工大學學報（自然科學版）46(11): 24-28。

5. 陳玉舜、區少梅。1998。包種茶貯藏期間成茶揮發性成分之變化。中國農業化學會誌 36(6): 630-639。

6. 陳荷霞、傅立、歐燕清、王金良、霍佩婷、何培銘。2017。不同貯藏時間對陳香嶺頭單叢茶主要品質的影響。福建農業學報 32(9): 969-974。

7. 陳惠藏、吳聲舜、陳信言。2004。小綠葉蟬吸食茶菁製茶試驗。臺灣茶業研究彙報 23: 79-89。

8. 曾亮、田小軍、羅理勇、官興麗、高林瑞。2017。不同貯藏時間普洱生茶水提物的特徵性成分分析。食品科學 38(2): 198-205。

9. 馬超龍、李小嫄、岳翠男、王治會、葉玉龍、毛世紅、童華榮。2017。茶葉中脂肪酸及其對香氣的影響研究進展。食品研究與開發 38(4): 220-224。

10. 崔峰。2008。綠茶在貯藏過程中品質變化規律與影響因素研究。浙江大學農業與生物技術學院茶學碩士學位論文。

11. 楊美珠、邱喬嵩。2018。顛覆傳統最放鬆的烏龍茶保健、品飲兩相宜 -「GABA 烏龍茶」。茶業專訊第 104 期。

12. 蔡怡婷、蔡憲宗、郭介煒。2010。文山包種茶不同年份茶葉品質變化之研究。嘉大農林學報 8(1): 67-79。

13. 蕭建興、朱德民。2002。小綠葉蟬危害對茶樹芽葉生長及化學成分的影響。臺灣茶業研究彙報 21: 33-50。

14. Dai, Q., Jin, H., Gao, J., Ning, J., Yang, X., and Xia, T. 2020. Investigating volatile compounds' contributions to the stale odour of green tea. Int. J. Food Sci. 55: 1606-1616.

15. Ho, C. H., Zheng, X., and Li, S. 2015. Tea aroma formation. Food Science and

Human Wellness 4: 9-27.

16. Mei, X., X. Y. Liu, Y. Zhou, X. Q. Wang, L. T. Zeng, X. M. Fu, J. L. Li,J. C. Tang, F. Dong, and Z. Y. Yang. 2017. Formation and emission of linalool in tea (Camellia sinensis) leaves infested by tea green leafhopper (Empoasca (matsumurasca) onukii matsuda). Food Chemistry 237: 356-63.

17. Ning, J. M., Ding, D. Song, Y. S., Zhang, Z. Z., Luo, X., and Wan, X. C. 2016. Chemical constituents analysis of white tea of different qualities and different storage times. Eur. Food Res. Technol 242: 2093-2104.

18. Wang, L. F., Lee, J. Y., Chung, J. O., Baik, J. H., So, S., and Park, S. K. 2008. Discrimination of teas with different degrees of fermentation by SPME-GC analysis of characteristic volatile flavor compounds. Food chem. 109: 196-206.

19. Zhu, Q., Shi, Z. P., Tong, J. H. 2001. Analysis of Free Fatty Acids in Green Tea and Instant Green Tea by GC-MS. Journal of Tea science 21(2): 137-139.

08

不同貯藏時間之大葉種紅茶
品質及化學成分變化

簡靖華、黃宣翰、林儒宏、黃正宗

一、前言

紅茶為全球生產量及消費量第一之茶類,臺灣紅茶產業源自於 1899 年日本三井合名會社在臺灣北部大規模種茶與設立工廠,並開始製造紅茶輸往日本,1925 年自印度引種、蒐集臺灣野生山茶及建立母樹園,開始進行臺灣紅茶的育種栽培試驗,1937 年產量為 6,330 公噸,出口量高達 5,800 公噸,在當時可謂盛況空前(郭等,2011);1971 年後因農村勞力缺乏,紅茶生產成本增加,喪失國際競爭優勢,因此紅茶產業逐漸衰退沒落。1999 年 921 大地震後,為重振地方產業,南投縣魚池鄉紅茶茶區再度復甦,臺灣紅茶產業重新站上舞台,並蓬勃發展;魚池及埔里茶區為臺灣大葉種紅茶主要產區,市售大葉種紅茶以阿薩姆品系、臺茶 18 號(紅玉)、臺茶 21 號(紅韻)以及山茶為主,其中臺茶 18 號為臺灣山茶與緬甸大葉種經由人工雜交育成之品種,具有特殊之薄荷及肉桂香氣,自推出以來廣受消費者喜愛,為目前產量及市占率極高之大葉種紅茶品種。

二、結果

試驗材料為民國 106 年(2017)產自南投縣魚池鄉之夏茶,品種為臺茶 18 號(紅玉),以不透光茶葉包裝袋及封口夾包裝方式,模擬消費者購買茶葉開封後之常見貯藏方式,樣品貯藏於室溫,貯藏期間平均溫度為 25.4±1.8℃,濕度 67.4±8.5%,於貯藏 3 年間定期進行感官品評、香氣成分及相關化學成分分析。

(一)感官品評變化分析

大葉種紅茶貯藏 3 年期間感官品評變化如表 2-8-1。本研究選用之臺茶 18 號外觀條索緊結勻齊,帶有明顯薄荷清涼香氣及些微具有青草氣息,茶湯收斂性強且滋味鮮爽,水色金紅色且澄清明亮。

1. 外觀色澤及水色

外觀色澤變化在貯藏期間變化較小,唯光澤度稍有降低,經過 36 個月貯藏後並無明顯變化。

2. 風味（香氣、滋味）

經過第 1 個月貯藏後與新鮮茶樣無太大差異，品評分數與新鮮茶樣相同；於貯藏第 3 個月時香氣無明顯變化但口感收斂性開始下降，品評分數略微降低至 6.8 分；貯藏第 6 個月時出現些微油耗味及悶雜之氣味，滋味微醇且收斂性較為減少，貯藏第 12 個月時香氣出現微陳味且口感更為醇和，貯藏至第 24 個月時陳味明顯，茶湯滋味醇厚，第 30 個月時陳味更為明顯並出現微酸之口感，貯藏 36 個月時香氣轉為陳雜味，滋味微酸且收斂性低，品評分數降低至 6.6 分。大葉種紅茶在以封口夾包裝的狀態下，持續受到環境中的氧氣及濕氣影響，因氧化作用的進行，香氣產生改變，口感的部分則較新鮮茶樣更為醇厚順口。由感官評分結果發現於貯藏第三個月香氣及滋味開始略微降低，但至第 36 個月貯藏期間分數變化並無較大的差異。

3. 葉底

紅茶之感官品評評分項目有別於其他茶類，多了葉底的評分，也就是沖泡後之茶渣，藉由葉底之色澤及展開情形，可作為紅茶品質判斷依據之一，本研究貯藏 36 個月期間，葉底隨著貯藏時間增加，表面光澤有略微降低之情形，故分數微幅下降，至第 36 個月變化較明顯，故分數由 7.0 分降至 6.6 分。

▼ 表 2-8-1　大葉種紅茶貯藏不同時間之感官品評結果

貯藏時間（月）	外觀（20%）	水色（20%）	香氣（25%）	滋味（25%）	葉底（10%）	總分 *	敘述
0	7.0	7.0	7.0	7.0	7.0	7.0	薄荷香、微菁味、收斂性強
1	7.0	7.0	6.8	7.0	7.0	7.0	薄荷香、微菁味、收斂性強
3	6.9	7.0	6.8	6.7	6.8	6.8	收斂性下降
6	7.0	6.8	6.8	6.7	6.9	6.8	微油耗味、微悶雜、微醇
9	6.8	7.0	6.8	7.0	6.9	6.9	油耗味、微陳味
12	7.0	6.8	6.8	6.7	6.8	6.8	微陳味、微醇
18	7.0	6.9	6.8	6.9	6.7	6.9	微陳味
24	6.9	6.8	6.7	7.0	6.9	6.9	陳味、滋味醇厚
30	6.8	6.8	6.7	6.9	6.8	6.8	陳味、微酸
36	6.8	6.8	6.3	6.5	6.9	6.6	陳雜味、微酸

* 總分：外觀分數 *0.2+ 水色分數 *0.2+ 香氣分數 *0.25+ 滋味分數 *0.25+ 葉底分數 *0.1，4 捨 5 入至小數點後 1 位。

（二）茶湯 pH 值、水分含量及水色的變化

大葉種紅茶貯藏 36 個月期間 pH 值、水分含量及水色變化的如圖 2-8-1～圖 2-8-3。

1. 茶湯 pH 值

在未密封狀態下茶湯之 pH 值於前 12 個月變化較大，貯藏 12 個月期間 pH 值呈現逐漸下降之趨勢，第 18 個月時再度上升而後繼續下降，顯示在 12 個月貯藏期間茶葉處於較不穩定的狀態，而後隨著貯藏時間增加，其變化較為穩定且變化趨勢較明顯，貯藏期間 pH 值最低為 4.6，最高值為 4.9，變化幅度不大。

2. 水分含量

隨著貯藏時間增加，茶葉中水分含量有逐漸增加之趨勢，經過 3 年的貯藏，茶葉含水量由 3.77% 增加至 5.88%。

3. 水色

本研究採用 CIE Lab* 色彩空間的模型來表示茶湯水色變化，以 3 種數值表達色彩：

L*：代表顏色的明亮程度。L* = 0 表示黑色，而 L* = 100 表示白色。

a*：表示紅色和綠色之間的位置。正值表示紅色，負值表示綠色。

b*：表示黃色和藍色之間的位置。正值表示黃色，負值表示藍色。

L* 在前 12 個月貯藏期間有上升之趨勢，而後之變化未有特定趨勢，於貯藏 36 個月後低於新鮮茶樣，a* 於貯藏前 30 個月有下降之趨勢然而於第 36 個月驟升但仍低於新鮮茶樣，b* 變化趨勢亦有此現象，由此可知大葉種紅茶於 36 個月貯藏期間水色呈現動態變化，經過 36 個月貯藏後水色明亮度略微降低，且略為加深，此結果與感官品評之水色變化情形相符。

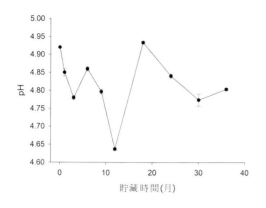

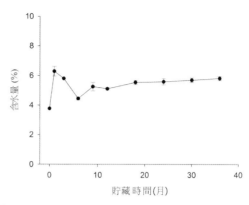

圖 2-8-1　大葉種紅茶貯藏不同時間之 pH 值變化

圖 2-8-2　大葉種紅茶貯藏不同時間之水分含量變化

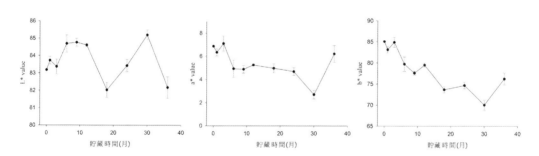

圖 2-8-3　大葉種紅茶貯藏不同時間之水色變化

（三）香氣的變化

　　臺茶 18 號為目前大葉種紅茶主要栽培品種之一，其特色是具有薄荷及肉桂香氣。在貯藏過程中因氧化反應的關係，其中的揮發性香氣成分也會產生變化。依茶改場推出的臺灣特色茶風味輪 2.0 版的香氣成分分類，將茶的香氣分 6 大類型，包含青香、花香、甜香、果香、焙香和其他。依上述分類將大葉種紅茶貯藏過程中香氣成分的變化條列如表 2-8-2。

1. 青香

　　大部分青香成分會隨著貯藏時間增加而減少，如 Hexanal、trans-2-Hexenal、1-Hexanol、trans-β-Ocimene、Isogeraniol 及 Cubebene，而 1-Penten-3-ol、cis-2-

Pentenol、6-Methyl-5-hepten-2-one、Methyl salicylate 及 Safranal 則在貯藏期間逐漸增加。

2. 花香

花香成分如 cis-Linalool oxide (furanoid)、trans-Linalool oxide (furanoid)、cis-Linalool oxide (pyranoid)、α-Ionone 及 β-Ionone 等分子於貯藏期間逐漸增加，Phenylacetaldehyde 及 trans-Geraniol 則是逐漸減少。

3. 甜香

甜香成分中 Benzyl alcohol 於貯藏前 30 個月逐漸增加，於第 36 個月時含量下降。

4. 果香

果香成分大致於貯藏期間有隨著時間增加之趨勢，如 1-Pentanol、2,2,6-Trimethylcyclohexanone、2,4-Xylylaldehyde 及 Dihydroactinidiolide 等。

5. 焙香

焙香成分則有隨貯藏時間增加而減少之趨勢，如 3-Methylbutanal、2-Methylbutanal 及 Furfural 等。

6. 其他

其他雜異味成分則多數於貯藏後逐漸增加，包含具有脂味的 Hexanoic acid 以及具木質味的 2,6,6-Trimethyl-2-cyclohexene-1,4-dione 及 β-Cyclocitral。

▼ 表 2-8-2　大葉種紅茶貯藏不同時間之香氣成分變化

滯留指數	香氣成分	貯藏時間（月）								
		0	3	6	9	12	18	24	30	36
	青香成分	---------------------------- 平均含量（%）----------------------------								
691	1-Penten-3-ol	0.22	0.25	0.26	0.28	0.32	0.48	0.60	0.62	0.70
765	cis-2-Pentenol	0.39	0.55	0.57	0.52	0.53	0.77	0.88	0.90	0.83
800	Hexanal	0.62	0.63	0.71	0.72	0.42	0.66	0.46	0.44	0.38
847	trans-2-Hexenal	0.58	0.30	0.36	0.30	0.26	0.33	0.22	0.25	0.16
851	trans-3-Hexenol	1.79	1.99	1.90	1.68	1.53	1.98	1.87	1.95	1.60
864	trans-2-Hexenol	0.52	0.58	0.60	0.47	0.47	0.57	0.57	0.59	0.46
867	1-Hexanol	0.21	0.22	0.20	0.16	0.17	0.00	0.00	0.00	0.00

（續表 2-8-2）

滯留指數	香氣成分	貯藏時間（月）								
		0	3	6	9	12	18	24	30	36
986	6-Methyl-5-hepten-2-one	0.13	0.15	0.19	0.24	0.27	0.35	0.39	0.42	0.45
1047	trans-β-Ocimene	0.35	0.31	0.23	0.24	0.19	0.19	0.20	0.25	0.20
1188	Methyl salicylate	22.39	23.61	25.04	23.15	21.40	21.66	20.49	19.37	19.52
1193	Safranal	0.10	0.12	0.11	0.13	0.14	0.17	0.28	0.27	0.37
1245	Isogeraniol	0.12	0.12	0.11	0.08	0.08	0.07	0.06	0.00	0.00
1346	Cubebene	1.18	0.00	0.00	0.00	0.00	0.00	0.00	0.00	0.00
	花香成分	----------------------------- 平均含量（%）-----------------------------								
1039	Phenylacetaldehyde	1.83	0.92	1.19	0.97	1.10	0.92	0.74	0.72	0.32
1069	cis-Linalool oxide (furanoid)	2.50	2.77	2.77	3.04	3.61	3.62	3.87	3.98	4.27
1086	trans-Linalool oxide (furanoid)	6.89	7.28	6.74	7.15	7.82	7.67	7.95	7.95	7.70
1100	Linalool	40.14	43.96	41.38	43.33	40.90	42.32	41.09	40.14	43.20
1109	Phenylethyl Alcohol	1.14	0.83	0.79	0.91	0.76	0.78	0.78	0.65	1.14
1172	cis-Linalool oxide (pyranoid)	1.93	2.20	2.11	2.02	2.34	2.05	2.14	2.11	2.13
1257	trans-Geraniol	0.32	0.24	0.24	0.21	0.19	0.16	0.15	0.16	0.14
1424	α-Ionone	0.00	0.00	0.04	0.06	0.07	0.10	0.12	0.14	0.14
1483	β-Ionone	0.13	0.15	0.26	0.39	0.52	0.52	0.62	0.71	0.47
	甜香成分	----------------------------- 平均含量（%）-----------------------------								
1031	Benzyl alcohol	4.10	4.02	4.39	4.40	4.56	4.56	4.84	5.22	4.26
1104	Hotrienol	0.68	0.53	0.54	0.58	0.71	0.62	0.69	0.74	0.73
	果香成分	----------------------------- 平均含量（%）-----------------------------								
761	1-Pentanol	0.04	0.07	0.05	0.08	0.08	0.15	0.16	0.20	0.19
1023	Limonene	0.64	0.42	0.34	0.29	0.28	0.32	0.28	0.35	0.37
1028	2,2,6-Trimethylcyclohexanone	0.09	0.10	0.17	0.20	0.24	0.24	0.30	0.33	0.40
1168	2,4-Xylylaldehyde	0.00	0.00	0.00	0.00	0.11	0.11	0.14	0.15	0.16
1383	cis-3-Hexenyl hexanoate	0.11	0.11	0.12	0.10	0.09	0.08	0.07	0.00	0.00
1519	Dihydroactinidiolide	0.00	0.00	0.00	0.25	0.46	0.22	0.29	0.39	0.09
	焙香成分	----------------------------- 平均含量（%）-----------------------------								
648	3-Methylbutanal	0.11	0.06	0.06	0.04	0.04	0.04	0.04	0.04	0.03
658	2-Methylbutanal	0.29	0.18	0.17	0.14	0.11	0.16	0.15	0.15	0.12
828	Furfural	0.16	0.11	0.11	0.12	0.09	0.14	0.16	0.12	0.04
953	Benzaldehyde	0.53	0.44	0.66	0.58	0.94	0.82	0.94	1.04	0.84
1044	1-Ethyl-1H-pyrrole-2-carboxaldehyde	0.09	0.07	0.08	0.09	0.13	0.11	0.13	0.16	0.13
	其他成分（雜異味）	----------------------------- 平均含量（%）-----------------------------								

（續表 2-8-2）

滯留指數	香氣成分	貯藏時間（月）								
		0	3	6	9	12	18	24	30	36
979	3-Octenol	0.28	0.29	0.30	0.28	0.32	0.31	0.33	0.32	0.30
995	(E,Z)-2,4-Heptadienal	0.09	0.18	0.26	0.14	0.16	0.12	0.00	0.07	0.00
1005	Hexanoic acid	0.19	0.04	0.19	0.19	0.30	0.28	0.15	0.16	0.33
1139	2,6,6-Trimethyl-2-cyclohexene-1,4-dione	0.00	0.00	0.00	0.00	0.08	0.07	0.09	0.11	0.13
1158	Borneol	0.12	0.13	0.14	0.13	0.13	0.14	0.12	0.13	0.13
1215	β-Cyclocitral	0.17	0.24	0.29	0.38	0.45	0.54	0.67	0.67	0.72
1367	Copaene	0.56	0.15	0.26	0.22	0.15	0.30	0.00	0.00	0.13
1408	Caryophyllene	0.85	0.20	0.16	0.17	0.14	0.18	0.11	0.12	0.13
1443	Humulene	0.21	0.00	0.00	0.07	0.00	0.09	0.00	0.00	0.00

（四）化學成分的變化

沒食子酸（Gallic acid, GA）為茶葉中主要的酚酸，也是合成酯型兒茶素不可缺少的物質，其本身帶有酸澀味。圖 2-8-4 為大葉種紅茶在貯藏過程中沒食子酸含量變化情形。沒食子酸含量在貯藏前 12 個月呈現較不穩定之高低變化，在第 18 個月即開始有明顯逐漸減少之趨勢，對照 pH 值變化結果並無明顯相關性。咖啡因為茶湯中苦味的來源，在貯藏第 18 個月後有逐漸減少之變化情形，然而咖啡因屬於相當穩定之化合物，故於 3 年貯藏期間變化差異不顯著（圖 2-8-5）。

兒茶素類中的表兒茶素沒食子酸酯（ECG）與表沒食子兒茶素沒食子酸酯（EGCG）屬於酯型兒茶素，為茶湯滋味中澀味來源之一，表兒茶素沒食子酸酯在貯藏前 9 個月明顯減少，而後又逐漸增加，在 36 個月貯藏期間呈現波浪狀變化，最終稍低於新鮮茶樣；表沒食子兒茶素沒食子酸酯在貯藏前 12 個月有增加之情形，第 18 個月開始穩定隨著貯藏時間增加而減少，但與新鮮茶樣無明顯差異；總兒茶素的變化於貯藏前 12 個月含量亦較高，至第 18 個月後呈現些微起伏變化，最終與新鮮茶樣之間並無明顯差異（圖 2-8-6～圖 2-8-8），根據總兒茶素、表兒茶素沒食子酸酯及表沒食子兒茶素沒食子酸酯的變化顯示，大葉種紅茶開封後，3 年的貯藏期尚不影響兒茶素帶來的機能性。

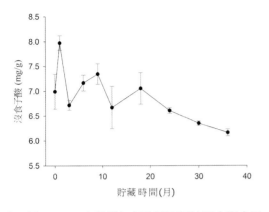

圖 2-8-4　大葉種紅茶貯藏不同時間之沒食子酸含量變化

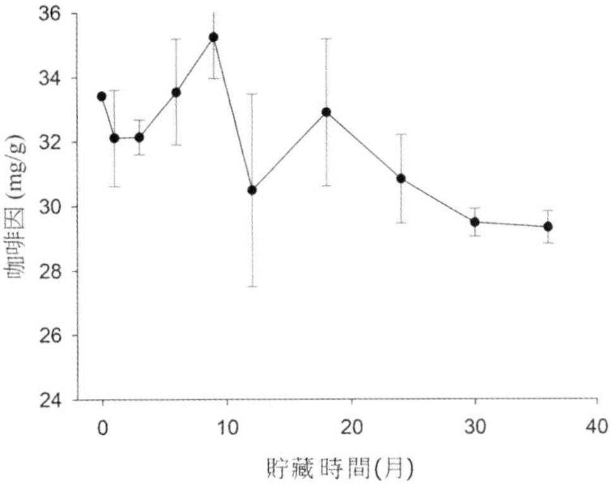

圖 2-8-5　大葉種紅茶貯藏不同時間之咖啡因含量變化

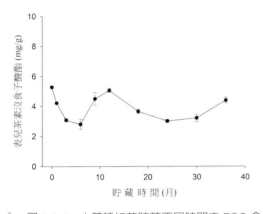

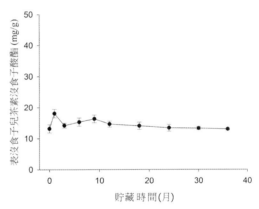

圖 2-8-6　大葉種紅茶貯藏不同時間之 ECG 含量變化

圖 2-8-7　大葉種紅茶貯藏不同時間之 EGCG 含量變化

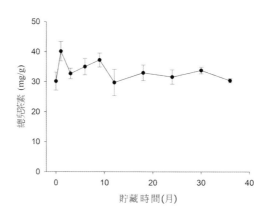

圖 2-8-8　大葉種紅茶貯藏不同時間之總兒茶
素含量變化

三、討論

　　茶葉在貯藏過程中，若無法隔絕空氣，容易吸收氧氣及濕氣，產生各種化學反應，導致茶葉香氣及滋味產生轉變甚至劣變，貯藏期間之變化情形依不同發酵程度與製程亦有所差異，貯藏環境亦會造成不同的品質變化，故茶葉的保鮮與貯藏為許多研究人員關注的重點。

　　本研究感官品評採標準評鑑沖泡方式，各項化學成分分析則採總量分析方式，故分析數據與感官品評結果可能有所差異，合先敘明。

　　根據感官品評結果，在貯藏 30 個月後可感受到茶湯出現微酸感，然而對照 pH 值分析結果並無明顯下降趨勢，人體感官受到各項複雜因子綜合影響，故可能與分析數值無法完全呼應。

　　水分含量為影響茶葉品質及保存之重要因素之一，含水量於 4%～5% 為貯藏之最佳狀態（石等，2011），茶葉的含水量對其成分的變化影響甚大，水分含量愈高陳化速度愈快（汪等，2005）；以封口夾進行包裝無法完全將茶葉與空氣隔絕，因此環境中的水分容易被茶葉吸收，故在貯藏 36 個月後茶葉中含水量已達 5.88%，後續須持續進行含水量之監測並觀察品質劣變之速度，若含水量持續增加則有發霉之風險。

　　綜整香氣成分的變化，大葉種紅茶在貯藏期間青香及焙香成分有逐漸減少之趨勢，花香、果香及其他成分則逐漸增加，臺茶 18 號大葉種紅茶具有特殊之薄荷清涼感，根據不同茶類香氣分析結果，臺茶 18 號中屬於青香成分的水楊酸甲酯（Methyl salicylate）含量相較其他茶類為高，推測其為構成特殊品種香氣的主要成分之一，彭等（2022）對於臺茶 18 號揮發性化合物進行分析與探討，研究結果指出臺茶 18 號之揮發性成分以芳樟醇（Linalool）及水楊酸甲酯（Methyl salicylate）含量最高，芳樟醇帶有甜香、花香及柑橘香氣；水楊酸甲酯帶有薄荷及冬青香氣；本研究中芳樟醇於貯藏期間並未測得明顯變化趨勢，然而水楊酸甲酯則於貯藏 12 個月後逐漸減少，對照感官品評結果可知隨著貯藏時間增加，茶葉中的薄荷香及菁味也會逐漸減弱，與此分析結果相符。

　　黃等（2020）研究結果指出，Hexanal、Benzaldehyde、6-Methyl-5-heptene-2-one、2-Pentylfuran、Decane、(E,E)-2,4-Heptadienal、3,5-octadiene-2-one、β-Ionone 可能為茶葉不當貯藏而有雜異味之關鍵因子，主要由脂肪酸氧化降解生成；戴等（2017）研究結果亦顯示 1-Penten-3-ol、(Z)-2-Penten-1-ol、2-Pentylfuran、(E,E)-2,4-Heptadienal 和 3,5-octadiene-2-one 等成分於未真空包裝及高溫之貯藏環境下含量會增加，對茶葉香氣有負面影響。陳和區（1998）與顧等（2011）之研究顯示，1-Penten-3-ol、(E,E)-2,4-Heptadienal 和 3,5-octadiene-2-one 等物質為茶葉貯藏過程中逐漸產生的，為貯藏時異味之來源成分，與茶葉的陳味有關。本研究香氣成分分析結果與前人研究大致相符，試驗結果顯示隨著貯藏時間增加，各種雜異味逐漸生成，同時也生成具有木質香、花香及果香之香氣成分，由各種香氣成分動態變化組成大葉種紅茶貯藏期間之特殊風味。此與感官品評結果中，陳雜味出現以及香氣的轉變大致相符。

　　前人研究指出茶葉中的非揮發內容物，如多元酚類、游離胺基酸、咖啡因及可溶性醣類等構成紅茶的滋味與口感（Liagn et al., 2003）。沒食子酸帶有酸澀味，一般在茶葉的貯藏過程中，沒食子酸含量會先增加再下降，與茶葉貯藏時風味先變酸再轉化掉酸味的現象應該有所關聯（楊，2018）。本研究之沒食子酸於貯藏期間含量呈現波浪狀變化，經過 36 個月貯藏後含量些微增加，於感官品評中亦可感受到輕微酸味出現，目前尚未有明顯下降之情形，需繼續觀察後續貯藏過程之變化；咖啡因是茶湯中苦味來源之主要成分，性質較穩定，於製茶過程及茶葉貯藏期間變化

不明顯，本研究的咖啡因含量於貯藏期間變化較小，於感官品評亦無感受到苦味的變化，此結果與前人研究大致相符。

　　茶葉中最主要的多元酚類成分為 8 種兒茶素類，EC、ECG、EGC、EGCG 為表型兒茶素，C、GC、CG 及 GCG 為非表型兒茶素。ECG 及 EGCG 屬於酯型兒茶素，一般認為其澀味感受程度比非酯型兒茶素 EC 及 EGC 來得強烈（蕭等，2020），相關文獻指出總多元酚及總兒茶素會隨著貯藏時間增加而下降（楊，2018），其中 ECG 及 EGCG 亦隨著貯藏時間增加而下降。本研究之 ECG 及 EGCG 及總兒茶素於貯藏期間含量變化呈現不規則波浪曲線，經過 36 個月貯藏後尚無明顯減少趨勢，推測可能與貯藏取樣時間有關，有待後續貯藏試驗繼續觀察記錄長期之變化。對照感官品評結果，大葉種紅茶在開封後貯藏 3 個月時收斂性減少，亦即感受到之澀味降低，此結果與總兒茶素、ECG 及 EGCG 之變化未有明顯相關性，茶湯澀味來源除了兒茶素類外，尚包含黃酮類、黃酮醇及其醣苷類，然而本研究並未針對此成分進行分析，故無法得知貯藏期間澀味轉變與兒茶素類以外成分之關聯性。

四、參考文獻

1. 王近近、袁海波、鄧余良、滑金傑、董春旺、江用文。2019。綠茶、烏龍茶、紅茶貯藏過程中品質劣變機理及保鮮技術研究進展。食品與發酵工業 45(3): 281-287。

2. 石磊、湯鳳霞、何傳波、魏好程。2011。茶葉貯藏保鮮技術研究進展。食品與發酵科技 47(3): 15-18。

3. 汪毅、龔正禮、駱耀平。2005。茶葉保鮮技術及質變成因的比較研究。中國食品添加物 5: 19-22。

4. 周玲。2006。烏龍茶香氣揮發性成分及其感官性質分析。西南大學碩士學位論文。中國重慶。

5. 陳淑莉、區少梅。1998。包種茶香氣之描述分析。食品科學 25(6): 700-713。

6. 舒暢、余遠斌、肖作兵、徐路、牛雲蔚、朱建才。2016。新、陳龍井茶關

鍵香氣成分的 SPME/GC MS/GC O/OAV 研究。食品工業 37(9): 279-285。

7. 郭寬福、林金池、黃正宗。2011。臺灣紅茶產銷現況與展望。2010 年紅茶研討會專刊。pp.29-36。

8. 郭芷君、楊美珠、郭曉萍、黃學聰。2017。微生物發酵對茶葉揮發性有機化合物之影響。臺灣茶業研究彙報 36: 145-158。

9. 黃宣翰、郭芷君、邱喬嵩、楊美珠。2020。不同包裝方式對小葉種紅茶之茶葉品質及揮發性成分之影響。臺灣茶業研究彙報 39: 139-172。

10. 彭子欣。2022。臺茶十八號茶樹之芽葉性狀、紅茶品質與內容物之季節性變化。國立台灣大學生物資源暨農學院園藝暨景觀學系碩士論文。臺北市。

11. 楊美珠、陳國任。2015。陳年老茶的陳化與貯藏。茶業專訊 92: 10-14。

12. 楊美珠。2018。茶葉兒茶素之代謝機制與生物活性。國立台灣大學生物資源暨農學院園藝暨景觀學系博士論文。臺北市。

13. 賴正南。2001。茶葉技術推廣手冊 - 製茶技術。行政院農委會茶業改良場。臺灣桃園。

14. 蕭孟衿、黃校翊、黃宣翰、羅士凱、蕭建興。2020。不同包裝方式對蜜香紅茶貯藏品質及相關化學成分之影響。臺灣茶業研究彙報 39: 173-190。

15. 戴佳如、林金池、邱喬嵩、黃玉如、楊美珠。2017。貯藏條件對清香型半球形包種茶之茶葉品質及揮發性成分之影響。臺灣茶業研究彙報 36: 111-132。

16. 顧謙、陸錦時、葉寶存。2011。茶葉化學。中國科學技術大學出版社。

17. Liang, Y., Lu, J., Zhang , L., Wu, S., and Wu, Y. 2003. Estimation of black tea quality by analysis of chemical composition and colour difference of tea infusions. Food chemistry 80: 283-290.

不同貯藏時間之小葉種紅茶品質及化學成分變化

黃宣翰、郭芷君、邱喬嵩、楊美珠、蔡憲宗

一、前言

臺灣主要栽培小葉種茶樹，其主流品種爲青心烏龍和臺茶 12 號，多在春、秋及冬季採摘，製造包種茶或烏龍茶爲主，然夏季日照強烈，茶菁所含兒茶素含量較高，若製成綠茶、包種茶或烏龍茶滋味會較苦澀，香氣不揚，一般茶農大致上不採收，留養枝條培育樹勢或作爲飲料茶原料。但夏季茶菁卻是製作紅茶的上等原料，製成之紅茶特別著重於香氣，其香氣高雅，滋味鮮爽，甘醇濃稠，爲本土夏季茶菁找到了新的出路，目前在臺灣各大茶區皆有生產，有效地提昇在地茶農收益（邱，2009）。

前人研究顯示，茶葉陳化是由許多因素所構成，包括多酚類、胺基酸、維生C、脂肪酸等物質的氧化以及葉綠素轉化（王等，2019）。然前人對茶葉貯藏之相關研究，大多針對綠茶或是輕發酵的包種茶，關於中發酵、重發酵或新興的特色茶類，甚少提及，且試驗內容大多以感官品評資料爲主。因此，本研究以封口夾包裝來模擬消費者購買茶葉開封後之日常貯藏方式，詳細記錄貯藏時間對茶葉品質及化學成分變化之影響，以此建立小葉種紅茶貯藏變化之科學資料庫。

二、結果

以民國 105 年（2016）8 月本場自行加工製造之臺茶 12 號小葉種紅茶爲試驗材料。本研究以封口夾包裝來模擬消費者購買茶葉開封後之日常貯藏方式。小葉種紅茶貯藏期間平均溫度室溫爲 23.8±4.3℃，濕度爲 51.8±7.5%，於貯藏 3 年間定期進行感官品評、香氣成分及相關化學成分分析。

（一）感官品評變化分析

小葉種紅茶新鮮茶樣之特徵爲滋味甘甜，純而不淡，味濃不澀並帶有明顯的花果香及些微的青香，其貯藏 3 年期間的感官品評結果如表 2-9-1 所示。

1. 外觀色澤及水色

小葉種紅茶外觀色澤與水色在貯藏期間無法以肉眼評斷出變化之差異，因此在分數仍維持與原樣（貯藏 0 月）相同爲 7 分。

2. 風味（香氣、滋味）

　　茶樣經貯藏 1 個月後其風味會開始變淡，鮮度稍降，並伴隨著些微陳味產生，因此品評總分迅速掉為 6.1 分；貯藏 3 個月後風味仍淡並帶微陳味；6 個月後有微酸，陳味與澀味上升的趨勢，因此分數再下滑至 5.8 分；貯藏 12 個月後有酸澀感及鮮度不足；在貯藏 18 個月後風味更淡，鮮度不足，偏酸有柑橘味並伴隨著些微油耗味開始產生，因此至此感官品評分數仍不斷的微幅下滑；貯藏 24 個月之後陳味更強；貯藏 30 個月之後陳味持續增加；直至 36 個月基本上也是陳味與油耗味，但三者之感官品評分數在伯仲之間皆維持在 5.3 分，呈現一個穩定的狀態。綜合 36 個月貯藏過程中茶葉風味的變化，風味變淡，酸、澀、與陳味的持續提高是主要調性，同時貯藏超過 18 個月後油耗味即穩定存在。在開始貯藏的那一刻開始，茶葉感官品質分數隨即不斷地下滑，陳味及油耗味等不良風味的產生似乎是必然的結果。

▼ 表 2-9-1　小葉種紅茶貯藏不同時間之感官品評結果

貯藏時間（月）	外觀（20%）	水色（20%）	風味		總分 *	敘述
			香氣（30%）	滋味（30%）		
0	7.0	7.0	7.0	7.0	7.0	微菁、帶花香、水甜
1	7.0	7.0	5.5	5.5	6.1	淡、微陳、鮮度稍降
3	7.0	7.0	5.3	5.3	6.0	淡、微陳
6	7.0	7.0	5.0	5.0	5.8	陳、澀、微酸
9	7.0	7.0	4.8	4.8	5.7	微酸、微悶濁
12	7.0	7.0	4.7	4.7	5.6	微酸 微澀、鮮度不足
18	7.0	7.0	4.5	4.5	5.5	陳、淡、酸、柑橘味、鮮度不足、微油耗
24	7.0	7.0	4.2	4.2	5.3	陳、淡、酸、微油耗
30	7.0	7.0	4.1	4.1	5.3	陳、鮮度不足、微油耗
36	7.0	7.0	4.2	4.2	5.3	微陳、雜、稍澀、微油耗

* 總分：外觀分數 *0.2+ 水色分數 *0.2+ 香氣分數 *0.3+ 滋味分數 *0.3，4 捨 5 入至小數點後 1 位。

（二）茶湯 pH 值、水分含量及水色的變化

1. 茶湯 pH 值

小葉種紅茶貯藏 36 個月的茶湯 pH 值變化如圖 2-9-1，在經過 6 個月的貯藏後，茶湯 pH 值有較明顯下滑的趨勢，從 pH5.0 下滑至 4.9。直到貯藏 18 個月後到達相對低點約 pH4.8，之後呈現上下震盪，但仍可明顯觀察到茶葉貯藏有酸化之現象。

2. 水分含量

進一步分析小葉種紅茶之水分含量變化如圖 2-9-2，結果顯示小葉種紅茶貯藏約 18 個月後，其水分含量會高於 5%，之後遂在 5% 左右呈現上下震盪之變化，顯示以封口夾包裝茶葉，外界環境之濕度仍會不斷緩慢地影響茶葉水份含量。

3. 水色

本研究採用 CIELAB 色彩空間來表示茶湯水色的變化，其是國際照明委員會（International Commission on Illumination, CIE）在 1976 年所定義的色彩空間，它將色彩用 3 種數值表達，「L*」代表明亮程度；「a*」代表紅綠程度，正值為紅色，負值為綠色；「b*」表黃藍程度，正值為黃色，負值為藍色。小葉種紅茶的水色變化趨勢結果顯示，L*、a* 值與 b* 值在開始貯藏後雖較原樣有所變化，但在 36 個月的貯藏期間呈現波動變化，並無觀測到固定的變化趨勢（圖 2-9-3）。

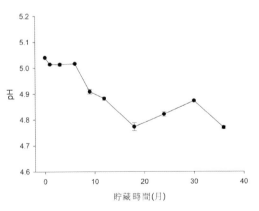

▋ 圖 2-9-1　小葉種紅茶貯藏不同時間之 pH 值變化

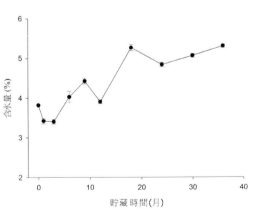

圖 2-9-2　小葉種紅茶貯藏不同時間之水分含量變化

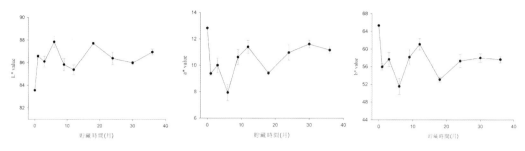

圖 2-9-3　小葉種紅茶貯藏不同時間之水色變化

（三）香氣的變化

在茶葉的貯藏過程中，其內含的化學成分接觸到氧氣會發生自動氧化作用，此作用不需酵素媒介即可進行，也因此氧氣的存在對於茶葉風味的轉變至關重要，若想要茶葉在貯藏的過程中發生風味轉化，氧氣必不可少。今透過氣相層析質譜儀等高階儀器的協助，可得知個別香氣成分的變化趨勢如表 2-9-2。茶葉中有數種典型帶有青香、草香的揮發性化合物，包括 trans-2-Hexenal（青葉醛）、cis-3-Hexenol（葉醇）、trans-2-Hexenol（反 -2- 己烯醇）、1-Hexanol（己醇）、trans-β-Ocimene（羅勒烯），其含量有隨貯藏時間增加而下降的趨勢。另有一些青香分子如 cis-2-Pentenol 和 Hexanal 在整體的貯藏中呈波動變化，並無一定之規律，此外青香成分並非僅有下降之趨勢，6-Methyl-5-hepten-2-one 是同時具有青草和油脂風味的香氣化合物（Wang et al., 2008），其在 3 年貯藏過程中含量會逐漸提升。

小葉種紅茶新鮮茶樣的香氣是以 Linalool 及其異構物所帶來的花香（占48.22%）為主體，這符合前人文獻所述之小葉種紅茶屬高香紅茶，其香氣帶有濃郁花香（邱，2009）。而其次則是青香（占 21.42%），這也符合一般經驗法則，小葉種紅茶可能是因為製程的關係容易帶有菁味，然而在貯藏的過程中可發現 Phenylacetaldehyde（苯乙醛）、cis-Linalool oxide (furanoid)、trans-Linalool oxide (furanoid)、Linalool（芳樟醇）、Phenylethyl Alcohol（苯乙醇）、trans-Geraniol（香葉醇）等茶葉中相當重要的花香代表性物質，在貯藏過程中的含量會持續減少，這或許也是感官品評會越來越淡的可能原因之一。α-Ionone（α- 紫羅蘭酮）和 β-Ionone（β- 紫羅蘭酮）是類胡蘿蔔素的降解產物，帶有木質、莓果、花香及堅果香，其中 α-Ionone 並不存在於新鮮茶葉，而 β-Ionone 在新鮮茶葉中僅存

在微量，但茶葉開始貯藏後，茶葉接觸到空氣，α-Ionone 便會生成且穩定存在，β-Ionone 含量則會逐漸累積提高，加上感官品評結果中隨著貯藏時間增加，茶樣有很明顯的陳舊味，因此推測此兩個成分有可能是陳舊味的主要來源之一。

　　香氣化合物中有數種可能與茶葉中的陳舊味有相關性，包括 α-Pinene（松木香），2,6,6-Trimethyl-2-cyclohexene-1,4-dione 具有霉味與木質香，以及同樣具有木質香的 β-Cyclocitral 與 2,6-Dimethylcyclohexanol，其在貯藏的茶葉中皆有明顯累積的效應，推測與茶樣的陳味具有一定之相關性。3,5-Octadienone isomer2、(E,E)-2,4-Heptadienal 及 cis-4-Heptenal 三者，都具有油脂味，其在茶葉中的生成與累積，或許也說明了貯藏 18 月後茶葉能品評出油耗味的主要原因。此外羧酸是醇、醛、酮類化合物氧化反應的終點產物，當氧氣存在的條件不變下，可預期茶葉中會生成有機酸類，而在本研究中可偵測到帶有汗臭味的 Hexanoic acid（己酸），因此上述數種因氧化作用生成之化合物都可能是茶葉貯藏產生雜異味的重要原因。

　　而除了不良風味之外，茶葉也會越陳越香，2-Heptanone 具有香料及肉桂香、Methyl hexanoate（果香）、cis-Methyl-3-hexenoate（果香）、3-Methyl-2-Butenal（果香）、Methyl octanoate（柑橘）、Methyl nonanoate（椰子香）、Dihydroactindiolide（果香）及 trans-Geranylacetone（花香），上述香氣物質皆會隨著貯藏時間增加而累積在茶葉中，而在多個果香化合物的作用之下，茶葉陳放所產生的柑橘香或許也與其有關。

▼ 表 2-9-2　小葉種紅茶貯藏不同時間之香氣成分變化

滯留指數	香氣成分	貯藏時間（月）									
		0	1	3	6	9	12	18	24	30	36
	青香成分	------------------------------ 平均含量（%）------------------------------									
735	trans-2-Methyl-2-butenal	0.13	0.12	0.23	0.24	0.23	0.31	0.31	0.39	0.35	0.31
765	cis-2-Pentenol	3.43	2.75	2.32	1.79	2.84	2.45	2.29	3.01	3.42	2.11
800	Hexanal	1.97	2.69	3.59	3.80	2.72	3.69	3.24	2.57	3.25	1.673
847	trans-2-Hexenal	5.09	3.06	2.43	1.44	3.32	1.71	1.14	1.01	0.92	0.65
851	cis-3-Hexenol	6.38	4.47	3.10	2.00	4.68	2.51	2.36	2.37	2.87	1.93
864	trans-2-Hexenol	2.89	2.04	1.78	1.11	2.26	1.24	1.14	0.97	1.22	0.75
867	1-Hexanol	1.67	1.07	0.78	0.60	1.18	0.55	0.77	0.57	0.83	0.47
986	6-Methyl-5-hepten-2-one	0.37	0.58	1.14	0.93	0.00	1.38	1.11	1.36	1.39	1.59
1047	trans-β-Ocimene	0.58	0.88	0.40	0.40	0.24	0.27	0.29	0.28	0.00	0.00

（續表 2-9-2）

滯留指數	香氣成分	貯藏時間（月）									
		0	1	3	6	9	12	18	24	30	36
1145	(R,S)-5-Ethyl-6-methyl-3E-hepten-2-one	0.00	0.00	0.00	0.51	0.49	0.73	0.00	0.90	0.99	1.15
	花香成分	----------------------------- 平均含量（%）-----------------------------									
1039	Phenylacetaldehyde	3.94	3.17	2.69	1.87	4.11	1.98	1.69	1.97	1.38	1.47
1069	cis-Linalool oxide (furanoid)	8.70	8.32	6.96	8.04	6.59	6.49	7.12	6.79	6.67	6.85
1086	trans-Linalool oxide (furanoid)	14.3	13.6	10.4	11.1	9.27	8.27	8.86	8.28	8.51	8.33
1100	Linalool	14.1	13.3	9.17	11.5	8.58	8.79	8.47	7.78	7.89	7.45
1109	Phenylethyl Alcohol	2.05	1.87	1.23	1.23	2.33	1.46	1.60	1.61	1.31	1.33
1257	trans-Geraniol	2.19	2.06	1.57	1.32	1.59	1.24	1.09	0.84	0.72	0.74
1424	α-Ionone	0.00	0.00	0.08	0.10	0.13	0.19	0.20	0.21	0.24	0.27
1453	trans-Geranylacetone	0.00	0.00	0.06	0.091	0.132	0.212	0.208	0.201	0.215	0.291
1483	β-Ionone	0.23	0.32	0.44	0.56	0.97	1.32	1.21	1.33	1.39	1.64
	甜香成分	----------------------------- 平均含量（%）-----------------------------									
1032	Benzyl alcohol	1.77	1.99	1.61	1.47	2.36	1.71	1.92	2.72	2.79	2.65
1104	Hotrienol	1.50	0.00	0.00	0.00	0.00	0.00	0.00	0.00	0.00	0.00
	果香成分	----------------------------- 平均含量（%）-----------------------------									
761	1-Pentanol	0.09	0.18	0.43	0.47	0.31	0.62	0.63	0.75	0.97	0.64
781	3-Methyl-2-Butenal	0.00	0.00	0.12	0.09	0.09	0.12	0.10	0.10	0.12	0.08
924	Methyl hexanoate	0.00	0.10	0.21	0.28	0.16	0.50	0.56	0.64	0.65	0.63
932	cis-Methyl-3-hexenoate	0.00	0.07	0.07	0.08	0.07	0.09	0.10	0.09	0.09	0.08
1126	Methyl octanoate	0.00	0.00	0.00	0.00	0.00	0.16	0.16	0.198	0.216
1227	Methyl nonanoate	0.00	0.00	0.00	0.00	0.00	0.153	0.137	0.137	0.148
1235	cis-3-Hexenyl-α-methylbutyrate	0.28	0.26	0.22	0.26	0.20	0.35	0.32	0.27	0.00	0.00
1242	trans-2-Hexenyl-2-methylbutyrate	0.29	0.2	0.28	0.29	0.12	0.28	0.22	0.16	0.00	0.00
1373	2-Butyl-2-octenal	0.00	0.00	0.00	0.13	0.00	0.23	0.23	0.21	0.18	0.24
1398	Ethyl decanoate	0.00	0.00	0.00	0.10	0.03	0.09	0.08	0.05	0.08	0.08
1383	cis-3-Hexenyl hexanoate	0.42	0.39	0.31	0.28	0.00	0.22	0.00	0.00	0.00	0.00
1519	dihydroactioidiolide	0.00	0.00	0.00	0.00	0.40	0.44	0.28	0.42	0.30	0.56
	焙香成分	----------------------------- 平均含量（%）-----------------------------									
811	1-Ethyl-1H-Pyrrole	0.06	0.04	0.04	0.03	0.04	0.05	0.03	0.00	0.00	0.00
912	Ethylpyrazine	0.13	0.10	0.16	0.05	0.28	0.00	0.00	0.00	0.00	0.00
953	Benzaldehyde	1.64	1.83	2.72	2.19	3.00	3.23	3.21	4.13	3.79	4.11
	其他成分（雜異味）	----------------------------- 平均含量（%）-----------------------------									
889	2-Heptanone	0.05	0.10	0.36	0.33	0.18	0.47	0.53	0.53	0.60	0.52

（續表 2-9-2）

滯留指數	香氣成分	貯藏時間（月）									
		0	1	3	6	9	12	18	24	30	36
900	cis-4-Heptenal	0.05	0.06	0.26	0.17	0.20	0.20	0.23	0.20	0.22	0.16
927	α-Pinene	0.00	0.00	0.10	0.09	0.00	0.11	0.15	0.14	0.17	0.12
970	Heptanol	0.08	0.08	0.22	0.17	0.18	0.27	0.23	0.28	0.32	0.30
979	3-Octenol	0.25	0.45	0.79	0.72	0.54	0.79	0.60	0.73	0.72	0.71
1005	Hexanoic acid	0.00	0.00	0.95	1.48	1.28	3.96	4.76	2.71	2.17	1.85
1008	(E,E)-2,4-Heptadienal	0.00	0.00	2.72	2.77	2.95	2.87	2.54	2.48	2.32	2.30
1056	trans-2-Octenal	0.22	0.43	0.68	0.69	0.47	0.40	0.40	0.30	0.30	0.30
1063	1-(1H-pyrrole-2-yl)-ethanone	0.22	0.39	0.29	0.26	0.45	0.18	0.18	0.20	0.13	0.12
1092	3,5-Octadienone isomer2	0.00	0.00	0.38	0.61	0.74	1.15	1.27	1.40	1.48	1.69
1102	2,6-Dimethylcyclohexanol	0.00	0.17	0.00	0.82	0.39	1.33	1.23	1.35	1.26	1.58
1139	2,6,6-Trimethyl-2-cyclohexene-1,4-dione	0.00	0.00	0.00	0.00	0.24	0.30	0.33	0.36	0.41	0.51
1214	β-Cyclocitral	0.51	0.533	0.60	0.83	0.75	1.05	1.18	1.18	1.12	1.13

（四）化學成分的變化

　　除揮發性的香氣成分外，茶葉中的可溶性化學成分亦可能受到貯藏時間和氧氣的影響而產生變化。圖 2-9-4 呈現了小葉種紅茶貯藏期間之沒食子酸含量變化，結果顯示隨著貯藏時間的改變，並無觀察到沒食子酸含量有穩定且明顯的變化趨勢。然而從圖 2-9-1 之 pH 值變化結果可以得知，茶湯 pH 值有隨著貯藏時間增加而下降的趨勢，因此沒食子酸的含量似乎與 pH 值之間並無變化的一致性。圖 2-9-5 為小葉種紅茶貯藏期間之咖啡因含量變化，結果顯示不同貯藏時間的咖啡因含量並無穩定且明顯的變化趨勢，雖有波動性的變化，但這有可能僅是取樣誤差所導致。

　　茶葉中之兒茶素類主要由 8 種單體組成，包括 4 種游離型兒茶素，分別為沒食子酸兒茶素（Gallocatechin, GC）、表沒食子兒茶素（Epigallocatechin, EGC）、兒茶素（Catechin, C）、表兒茶素（Epicatechin, EC），及 4 種酯型兒茶素，分別為表沒食子兒茶素沒食子酸酯（Epigallocatechin gallate, EGCG）、沒食子兒茶素沒食子酸酯（Gallocatechin gallate, GCG）、表兒茶素沒食子酸酯（Epicatechin gallate, ECG）、兒茶素沒食子酸酯（Catechin gallate, CG），紅茶為全發酵茶，因此紅茶中絕大部分之兒茶素被氧化聚合成茶黃質等下游產物，與綠茶相較其含量甚少。而

小葉種紅茶之個別兒茶素中 GC 及 GCG 含量過低故不具有定量意義，其餘個別兒茶素含量多寡粗略排序為 EGCG>EGC>ECG>EC>C>CG，以 EGCG 及 EGC 兩者含量最高（圖 2-9-6、圖 2-9-7）。結果顯示在 36 個月的貯藏過程中，總兒茶素（圖 2-9-8）、EGCG 及 EGC 含量之部分，並未觀察到明顯穩定的變化趨勢。

　　茶黃質最早是由 Roberts E. A. H. 博士所發現，係指紅茶中溶於乙酸乙酯中呈橙黃色之物質，由多酚類及其衍生物氧化聚合而來，對紅茶的色香味及品質起了決定性的作用，近年來由於具有抗氧化、抗病毒及降血脂等多重功效，進而成為了茶葉機能性研究的熱點（王等，2011）。而茶葉中之茶黃質主要由 4 種單體構成，茶黃質（Theaflavin, TF）、茶黃質 -3- 沒食子酸酯（Theaflavin-3-gallate, TF-3-G）、茶黃質 -3'- 沒食子酸酯（Theaflavin-3'-gallate, TF-3'-G）、茶黃質雙沒食子酸酯（Theaflavin-3,3'-digallate, TFDG）。在本研究中為簡化圖表呈現，以 4 種茶黃質加總之總量變化呈現如圖 2-9-9，結果顯示在 36 個月的貯藏過程中，茶黃質總量有高低變動起伏之情形，似乎有些微減少之趨勢，但仍須更久的貯藏時間來證明其趨勢變化的穩定性。因此本研究可證實在短期 3 年的貯藏，小葉種紅茶中不論是兒茶素或是茶黃質等機能性成分並不至於有大程度上的減損，茶葉的貯藏變化更多的是在風味上的改變，這對於為追求養生而飲茶的民眾具有參考價值。

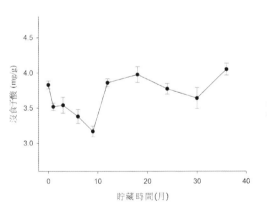
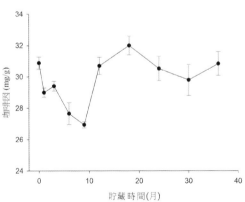

圖 2-9-4　小葉種紅茶貯藏不同時間之沒食子酸含量變化

圖 2-9-5　小葉種紅茶貯藏不同時間之咖啡因含量變化

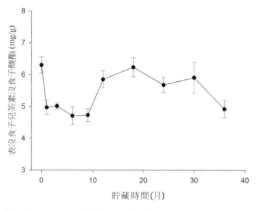

圖 2-9-6　小葉種紅茶貯藏不同時間之 EGCG
含量變化

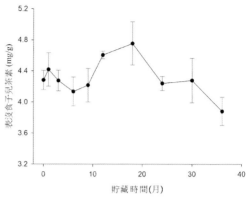

圖 2-9-7　小葉種紅茶貯藏不同時間之 EGC 含
量變化

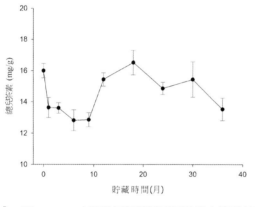

圖 2-9-8　小葉種紅茶貯藏不同時間之總兒茶
素含量變化

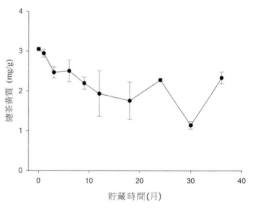

圖 2-9-9　小葉種紅茶貯藏不同時間之總茶黃
質含量變化

三、討論

　　茶葉之經濟價值取決於香氣與滋味等品質特性，因此，遂有許多前人針對茶葉的包裝條件進行探討，在紅茶貯藏過程中，去除氧氣可顯著提高紅茶的感官及理化品質，其中充氮處理效果優於脫氧劑處理，但由於氣體充入導致包裝膨大，在運輸過程中易受重壓漏氣進而失去保鮮效果（汪等，1990）。本研究以封口夾進行包

裝，在氧氣可自由通透之情形下，可預期隨貯藏時間增加，茶樣感官品評結果會與新鮮茶樣有顯著差異。而實際對照感官品評結果，陳味（偏木質調）、油耗味和酸味是藉由貯藏所帶來的風味，其是茶葉內部產生化學變化所帶來之影響。

在本研究中有觀察到小葉種紅茶茶湯 pH 值有隨時間而下降之趨勢，在許多前人研究中亦有觀察到同樣之現象，蔡等（2010）分析不同年分文山包種茶之品質，結果指出年分越久，其 pH 值越低，但超過一定年限後 pH 值反而有回升的趨勢。陳等（2017）研究不同貯藏時間對嶺頭單叢茶主要指標品質之影響，結果顯示，茶葉以鋁箔袋密封後，其茶湯 pH 值隨著貯藏時間的延長總體呈下降趨勢，貯藏 5 年時達到最低，爾後在貯藏 10 年、15 年及 20 年時 pH 值有所回升，但仍顯著低於新鮮茶樣。另對照感官品評之結果，在貯藏 6 個月之後會開始帶有酸味，此風味上的感受或許亦跟 pH 值之變化有相關性。

許多前輩都曾表示紅茶放置一段時間後，其中的菁味會逐漸減弱。在本研究中同樣有觀察到類似的現象。對照表 2-9-1 感官品評之結果，新鮮的小葉種紅茶具有菁味，但貯藏後其菁味感受會減弱，而透過氣相層析質譜儀之輔助得知，茶葉中有數種典型帶有青香、草香的揮發性化合物，其含量有隨貯藏時間增加而下降的趨勢，在 3 年的過程中 trans-2-Hexenal（青葉醛）下降幅度可達 87%、cis-3-Hexenol（葉醇）為 70%、trans-2-Hexenol（反 -2- 己烯醇）為 74%、1-Hexanol（己醇）為 72%、trans-β-Ocimene（羅勒烯）甚至達 100%，本研究也從化學成分變化的角度印證了此一現象。

前人研究顯示 (E,E)-2,4-Heptadienal 是陳年茶特有的成分（陳等，1998），是亞麻油酸及亞油酸等不飽和脂肪酸氧化生成，其帶有油脂味及堅果味。而本研究亦有同樣發現，(E,E)-2,4-Heptadienal 是在貯藏過程中產生。3,5-Octadienone 也是在貯藏過程中氧化生成的化合物，其也帶有明顯的油脂味，並在貯藏過程中隨時間呈倍數的成長，Dai et al.（2020）以 OPLS-DA 法分析陳年綠茶與陳舊味（Stale odour）之相關性，結果發現 3,5-Octadienone 是影響程度最高的揮發性化合物。這或許也能解釋在感官品評結果中，油耗味的來源到底為何。此外相關貯藏試驗文獻結果顯示，Springett et al.（1994）將阿薩姆紅茶置於含有空氣之包裝中貯藏 48 週，hexanal、trans-2-Octenal、(E,Z)-2,4-Heptadienal、(E,E)-2,4-Heptadienal、β-Cyclocitral、β-Ionone 等 6 種成分明顯增加，而真空包裝之茶樣則與原始茶樣相

近，顯示這些成分的改變與茶葉貯藏過程中的氧化降解有關，而本試驗結果與前人文獻對比亦可得到相似的結果。戴等（2017）研究結果顯示 1-Penten-3-ol、(Z)-2-Pentenol、1-Ethyl-1H-Pyrrole、(E)-2-Hexenal、2-Pentylfuran、(Z)-4-Heptenal、(E,E)-2,4-Heptadienal 和 3,5-Octadienone 等成分在未真空包裝及高溫貯藏環境下含量會增加，對清香型條形包種茶的新茶香氣有負面影響。由此可見 2,4-Heptadienal 與 3,5-Octadienone 應是普遍且共通性的茶葉負面氣味分子，才會在不同的研究中皆發現同樣的現象。

在化學成分之部分，小葉種紅茶貯藏期間的沒食子酸含量無明顯變化趨勢，然而 pH 值有隨貯藏時間增加而下降的現象，因此可推測沒食子酸含量與 pH 值變化無必然之相關性，在貯藏過程中造成 pH 值下降之化學物質可能有數種，沒食子酸僅是其中一種，而在小葉種紅茶中造成 pH 值下降之物質並非沒食子酸。許多前人研究也指出茶葉加工過程與貯藏亦會改變沒食子酸之含量。楊等（2018）研究顯示，隨烘焙溫度與時間增加，沒食子酸含量逐漸增加。袁等（2018）研究顯示，廣東單叢茶貯藏 10 年後沒食子酸含量有顯著增加之趨勢。Ning et al.（2016）研究指出隨著存放年分的增加，白茶的沒食子酸含量會逐漸提高。

本研究結果顯示，經過 3 年的貯藏，小葉種紅茶的兒茶素含量無明顯變化趨勢。而事實上前人研究探討茶葉貯藏過程中，兒茶素含量變化之結果各有所不同，林等（2020）研究顯示，不同烘焙程度之武夷岩茶貯藏 6 個月後，其兒茶素含量開始有隨貯藏時間增加而遞減之趨勢，曾等（2017）研究顯示，普洱生茶貯藏至第 5 年兒茶素開始有顯著下降之趨勢。袁等（2018）研究顯示，廣東單叢茶貯藏 10 年兒茶素含量並無下降趨勢，直至貯藏 20 年才有顯著減少。因此當時間尺度拉大時，或許才能觀察到兒茶素因貯藏而減少的現象。有鑑於此，另有許多前人研究延伸探討溫度及濕度對兒茶素含量變化之影響，Li et al.（2013）研究指出，紅茶貯藏於一般環境（室溫，濕度 60%），1 年後總兒茶素含量無顯著差異，主要 4 種個別兒茶素 EGCG、EGC、EC 及 ECG 亦無顯著差異，反之貯藏熱帶環境（37℃，濕度 75%），總兒茶素及 4 種個別兒茶素皆有顯著下降之趨勢。王等（2019）將龍井綠茶及功夫紅茶以牛皮紙包裝，貯藏於不同濕度之環境 3 個月後，在低濕度環境（25%）不論綠茶或紅茶，兒茶素皆無減少趨勢，反之在高濕度環境（70%）不論是綠茶或紅茶皆可觀測到兒茶素有顯著下降之趨勢。因此推測貯藏溫度與濕度是影

響兒茶素含量的主要因素。因此，綜觀前人研究，茶葉所含之兒茶素是否在貯藏過程中發生變化，可能的關鍵是溫度與濕度，而本研究貯藏環境為專用茶窖，經溫濕度紀錄器顯示，貯藏期間平均溫度室溫為 23.8±4.3℃，濕度為 51.8±7.5%。故可推測茶葉貯藏於如此環境，其環境強度並不足以讓茶葉之兒茶素含量於短期內發生明顯變化。

茶黃質具有抗氧化、抗病毒及降血脂等多重功效，是紅茶中的主要機能性成分。結果顯示在 36 個月的貯藏過程中，總茶黃質含量有高低變動起伏之情形，但無明確的增加或減少之趨勢。前人研究亦顯示了類似之結果，楊等（2017）探討紅茶貯藏過程中主要成分及感官品質之變化，結果顯示經 12 個月的貯藏，茶黃質含量雖有起伏但總體變化不大。鮑等（2013）研究亦指出野生古樹茶貯藏 5 年間其茶黃質含量變化不明顯，呈穩定之狀態。

四、參考文獻

1. 王近近、袁海波、陶瑞濤、鄭余良、滑金杰、董春旺、江用文、王霽昀。2019。溫度與濕度對龍井綠茶及功夫紅茶貯藏品質的影響。生產與科研應用 45(24): 209-217。

2. 王洪新、孫軍濤、呂文平、馬朝陽、夏文水。2011。茶黃素的製備、分析、分離及功能活性研究進展。食品與生物技術學報 30(1): 12-19。

3. 邱垂豐、林金池、黃正宗、陳國任。2009。老品種新創新—小葉種紅茶。茶業專訊 69: 14。

4. 汪有鈿、趙合濤。1990。充氮包裝在紅茶保鮮中優勢的研究。熱帶作物科技 1990(3): 262-264。

5. 林燕萍、龍樂、宋煥祿、劉寶順、黃毅彪。2020。貯藏時間對武夷岩茶金鎖匙生化成分及感官品質的影響。食品科學技術學報 38(5): 119-126。

6. 袁爾東、段雪菲、向麗敏、孫伶俐、賴幸菲、黎秋華、任嬌豔、孫世利。2018。貯藏時間對單叢茶成分及其抑制脂肪酶、α 葡萄糖苷酶活性的影響。華南理工大學學報（自然科學版）46(11): 24-28。

7. 陳玉舜、區少梅。1998。包種茶貯藏期間成茶揮發性成分之變化。中國農

業化學會誌 36(6): 630-639。

8. 陳荷霞、傅立、歐燕清、王金良、霍佩婷、何培銘。2017。不同貯藏時間對陳香嶺頭單叢茶主要品質的影響。福建農業學報 32(9): 969-974。

9. 曾亮、田小軍、羅理勇、官興麗、高林瑞。2017。不同貯藏時間普洱生茶水提物的特徵性成分分析。食品科學 38(2): 198-205。

10. 楊美珠、戴佳如、郭芷君、陳右人、陳國任。2018。烘焙條件對球形部分發酵茶品質相關成分含量變化之影響。第六屆茶業科技研討會專刊 pp.23-47。

11. 楊娟、李中林、鍾慶富、羅紅玉、鄔秀宏、袁林穎。2017。紅茶貯藏過程中主要內含成分及感官品質變化的研究。中國茶葉加工 2017(2): 16-20。

12. 蔡怡婷、蔡憲宗、郭介煒。2010。文山包種茶不同年份茶葉品質變化之研究。嘉大農林學報 8(1): 67-79。

13. 鮑曉華、董玄、潘思軼。2013。野生古樹茶貯藏中的化學成分變化研究。食品研究與開發 34(7): 123-126。

14. 戴佳如、林金池、邱喬嵩、黃玉如、楊美珠。2017。貯藏條件對清香型半球形包種茶之茶葉品質及揮發性成分之影響。臺灣茶業研究彙報 36: 111-132。

15. Dai, Q., Jin, H., Gao, J., Ning, J., Yang, X., and Xia, T. 2020. Investigating volatile compounds' contributions to the stale odour of green tea. Int. J. Food Sci. 55: 1606-1616.

16. Li, S., Lo, C. Y., Pan, N. H., Lai, C. S., and Ho, C. T. 2013. Black tea: chemicals analysis and stability. Food and Function 4: 10-18.

17. Ning, J. M., Ding, D. Song, Y. S., Zhang, Z. Z., Luo, X., and Wan, X. C. 2016. Chemical constituents analysis of white tea of different qualities and different storage times. Eur. Food Res. Technol 242: 2093-2104.

18. Springett, M. B., Williams, B. M., and Barnes, R. J. 1994. The effect of packing condition and storage time on the volatile composition of Assam black tea leaf. Food Chem. 49: 393-398.

19. Wang, L. F., Lee, J. Y., Chung, J. O., Baik, J. H., So, S., and Park, S. K. 2008.

Discrimination of teas with different degrees of fermentation by SPME-GC analysis of characteristic volatile flavor compounds. Food chem. 109: 196-206.

10

不同貯藏時間之蜜香紅茶品質及化學成分變化

蕭孟衿、黃校翊、黃宣翰、羅士凱、蕭建興

一、前言

　　蜜香紅茶是臺灣特色茶之一，屬於蜜香茶系列。蜜香茶乃是茶芽經過小綠葉蟬刺吸後，採摘加工製成含有天然蜜味的茶類（鄭等，2017），如白毫烏龍茶（東方美人茶或椪風茶）、貴妃茶、蜜香綠茶、蜜香紅茶、蜜香黃茶、蜜香白茶和蜜香烏龍茶等。蜜香紅茶源起於茶改場的製茶試驗（陳等，2004），其加工製程與傳統紅茶製作方式略有不同，所製成的茶類具有特殊的蜂蜜果香。2005 年時蜜香紅茶在花蓮縣瑞穗鄉的舞鶴茶區推廣，茶改場同時將製作技術轉移給瑞穗地區農會，積極推廣製作蜜香紅茶，以不噴灑農藥，可遇不可求的行銷特色為訴求，盼能增加地方特色茶的產製。2006 年天下第一好茶競賽，花蓮蜜香紅茶成功打敗世界各地的紅茶，榮獲金牌獎殊榮，名氣大開。如今蜜香紅茶的知名度已愈來愈高，深受世界各地消費者喜愛，供不應求（吳與蕭，2018）。

二、結果

　　本試驗之材料蜜香紅茶在民國 105 年（2016）4 月採製後，保存在 -20℃的冰庫中，至同年 8 月取出進行包裝試驗。以封口夾包裝來模擬，消費者購買茶葉開封後之日常貯藏方式，樣品貯藏於室溫，於 1、3、6、9、12、18、24、30 和 36 個月取樣進行感官品評、香氣及化學成分分析。

（一）感官品評變化分析

　　有關蜜香紅茶貯藏於室溫 3 年期間的感官品評變化如表 2-10-1。

1. 外觀色澤及水色

　　新鮮蜜香紅茶外觀條索緊結，墨黑油亮。貯藏至 24 個月時分數皆在 7.6 分以上，但貯藏至 30 個月後，因色澤變暗變灰，所以分數下降至 6.4，36 個月時更差。新鮮蜜香紅茶水色橙紅，貯藏 6 個月後水色變淡，至 24 個月時水色偏淺暗，而 36 個月時水色變成橙黃稍暗。

2. 風味（香氣、滋味）

　　新鮮蜜香紅茶水色橙紅具淡蜜香、熟甜香，水甜微具蜜香。貯藏 1 個月後蜜香

滋味轉沉與雜味開始產生，3 個月時水甜而雜陳味增加，6 個月後便有嚴重的雜陳味且微澀，於 9 個月開始出現木質味，12 個月時木質味明顯，18 個月時澀味強，至 30 個月時出現油耗刺鼻味且澀強帶苦，36 個月時香氣悶雜、雜陳酸味重、澀、具刺激感。感官品評分數在貯藏 24 個月期間還維持在 7.6-7.8 分，但至 30 個月分數降至 6.4 分，36 個月為 6.3 分。

▼ 表 2-10-1 蜜香紅茶貯藏不同時間之感官品評結果

貯藏時間（月）	外觀（20%）	水色（20%）	風味		總分 *	敘述
			香氣（30%）	滋味（30%）		
0	7.5	7.6	7.8	8.1	7.8	水色橙紅、淡蜜香、熟甜香、水甜微具蜜香
1	7.5	8.0	7.6	7.4	7.6	水色橙紅、蜜香沉、水尚甜、微澀、稍雜
3	7.5	7.9	7.5	7.5	7.6	水色橙紅、花香味、水甜、雜陳味
6	7.6	7.9	7.5	7.6	7.6	水色橙紅偏淡、花果香、稍陳、微澀
9	7.6	7.8	7.7	7.6	7.7	水色橙紅偏淡、花果香、轉微木質味、稍澀
12	7.8	7.7	7.8	7.8	7.8	水色橙紅偏淡、木質味、稍澀
18	7.8	7.8	7.5	7.5	7.6	水色橙紅偏淺、雜陳、木質味、澀味強
24	7.8	7.6	7.4	7.6	7.6	水色橙紅偏淺暗、木質味、澀味
30	6.4	7.0	6.4	6.1	6.4	水色橙黃、微酸味、油耗刺鼻味、澀強帶苦
36	6.0	6.5	6.0	6.5	6.3	水色橙黃稍暗、悶雜、雜陳酸味重、澀、具刺激感

* 總分：外觀分數 *0.2+ 水色分數 *0.2+ 香氣分數 *0.3+ 滋味分數 *0.3，4 捨 5 入至小數點後 1 位。

（二）茶湯 pH 值、水分含量及水色的變化

蜜香紅茶貯藏 3 年期間 pH 值、水分含量和水色變化如圖 2-10-1～圖 2-10-3。

1. 茶湯 pH 值

蜜香紅茶茶湯的 pH 值隨貯藏時間增加，從原始 5.8 先升至 6.6 再下降至 5.0 左右。

2. 水分含量

蜜香紅茶的水分含量大致上隨貯藏時間增加而增加，到 30 個月後水分含量高

於 4% 以上。

3. 水色

茶湯水色變化採用 CIE LAB 色彩空間表示，將色彩用 3 種數值表達，「L*」代表明亮程度；「a*」代表紅綠程度，正值為紅色，負值為綠色；「b*」表黃藍程度，正值為黃色，負值為藍色。蜜香紅茶的水色變化由圖 2-10-3 可以觀察到，L* 值隨貯藏時間增加有上升的趨勢，a* 值則是隨貯藏時間增加有下降的趨勢，而貯藏期間中 b* 值變化不大。由此可知蜜香紅茶的水色隨著貯藏時間的增加，茶湯亮度增加而水色變淡。

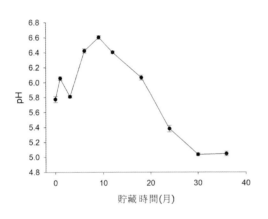

圖 2-10-1　蜜香紅茶貯藏不同時間之 pH 值變化

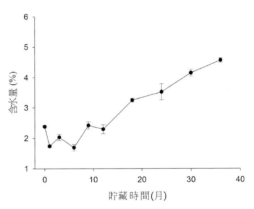

圖 2-10-2　蜜香紅茶貯藏不同時間之水分含量變化

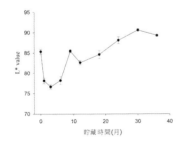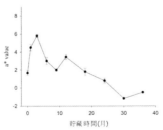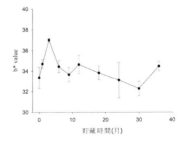

圖 2-10-3　蜜香紅茶貯藏不同時間之水色變化

（三）香氣的變化

　　蜜香紅茶最明顯的特色，在於利用受小綠葉蟬刺吸過後的茶菁，製成帶有蜜香味的茶葉，香氣為其重要特徵。依茶改場推出的臺灣特色茶風味輪的香氣成分分類，大致可分 6 大類型，分別為青香、花香、甜香、果香、焙香和其他。表 2-10-2 依據上述分類，將蜜香紅茶貯藏不同時間的香氣成分變化顯示出來。

1.　青香

　　青香成分大致呈現出含量先增加後減少的趨勢，如 Hexanal、cis-3-Hexenol、2-Pentylfuran 等。

2.　花香

　　花香成分則大多是隨貯藏時間增加而逐漸減少，如 Phenylacetaldehyde、Linalool oxide、Linalool、Phenylethyl Alcohol、trans-Geraniol，但也一些花香成分呈現隨貯藏時間增加而逐漸增加的趨勢，如 trans-Geranylacetone 和 β-Ionone。

3.　甜香

　　甜香成分的 Benzyl alcohol 和 γ-Hexanolactone，呈現隨貯藏時間增加而逐漸增加，而 Hotrienol 則明顯隨貯藏時間增加而減少。

4.　果香

　　果香成分大致呈現出含量增加趨勢，如 Methyl hexanoate、Methyl octanoate、dihydroactioidiolide。

5.　焙香

　　焙香成分除了 Benzaldehyde 是隨貯藏時間增加而逐漸增加，其餘如 1-Ethyl-1H-Pyrrole、Furfural、Ethylpyrazine 則是減少。

6.　其他

　　其他雜異味成分則大多呈現隨貯藏時間增加而逐漸增加，尤其是具有脂味的一些成分如 Propionic acid、Pentanoic acid、Hexanoic acid、Heptanoic acid、Octanoic acid 等。

▼ 表 2-10-2　蜜香紅茶貯藏不同時間之香氣成分變化

滯留指數	香氣成分	貯藏時間（月）									
		0	1	3	6	9	12	18	24	30	36
	青香成分	------------------------------- 平均含量（%）-------------------------------									
746	trans-2-Pentenal	0.18	0.73	0.72	1.21	0.69	0.46	0.58	0.34	0.27	0.19
800	Hexanal	2.38	6.90	5.12	9.64	3.89	3.00	4.16	2.97	3.09	2.57
847	trans-2-Hexenal	0.89	1.04	0.98	1.15	1.03	0.81	0.67	0.66	0.51	0.37
851	cis-3-Hexenol	1.32	2.09	1.70	1.80	1.02	1.10	0.78	0.98	1.00	0.85
990	2-Pentylfuran	1.72	2.77	2.36	3.64	1.53	1.59	1.71	1.95	1.67	1.48
1047	trans-β-Ocimene	0.19	0.17	0.28	0.23	0.30	0.37	0.27	0.20	0.00	0.00
1145	(R,S)-5-Ethyl-6-methyl-3E-hepten-2-one	0.52	1.09	0.00	0.00	0.76	0.67	0.00	1.05	1.11	1.26
1188	Methyl salicylate	0.68	0.58	0.66	0.61	0.74	0.84	0.64	0.64	0.62	0.63
	花香成分	------------------------------- 平均含量（%）-------------------------------									
1039	Phenylacetaldehyde	1.92	1.18	1.78	0.92	1.72	2.11	1.63	1.49	1.44	0.00
1069	cis-Linalool oxide (furanoid)	7.71	5.26	6.42	4.82	5.94	6.45	5.93	5.77	6.71	6.49
1086	trans-Linalool oxide (furanoid)	10.02	6.34	7.70	3.62	6.53	7.02	6.05	5.61	6.90	6.84
1100	Linalool	2.65	2.74	3.05	2.39	1.65	1.77	1.74	1.51	1.86	1.67
1109	Phenylethyl Alcohol	3.29	2.31	2.57	1.95	3.06	3.59	2.57	2.80	2.88	2.70
1172	cis-Linalool oxide (pyranoid)	3.01	1.67	2.50	0.58	2.22	2.28	2.35	1.90	2.36	2.45
1257	trans-Geraniol	2.48	0.85	1.43	0.15	1.79	1.91	1.28	1.21	1.35	1.09
1453	trans-Geranylacetone	0.10	0.00	0.15	0.00	0.20	0.16	0.22	0.20	0.21	0.21
1483	β-Ionone	0.43	0.00	0.22	0.00	0.64	0.51	0.63	0.60	0.62	0.69
	甜香成分	------------------------------- 平均含量（%）-------------------------------									
1032	Benzyl alcohol	3.30	4.10	3.54	2.57	3.69	3.80	4.95	5.27	5.63	5.71
1050	γ-Hexanolactone	0.23	0.00	0.44	0.49	0.51	0.68	0.76	0.70	0.79	0.85
1104	Hotrienol	10.03	5.60	4.87	3.23	5.90	8.02	3.99	4.30	4.35	3.76
	果香成分	------------------------------- 平均含量（%）-------------------------------									
781	3-Methyl-2-Butenal	0.13	0.27	0.20	0.21	0.17	0.12	0.18	0.15	0.14	0.11
924	Methyl hexanoate	0.00	0.11	0.15	0.25	0.12	0.15	0.25	0.36	0.32	0.35
1126	Methyl octanoate	0.00	0.00	0.00	0.00	0.00	0.00	0.08	0.13	0.09	0.11
1519	dihydroactioidiolide	0.00	0.00	0.00	0.00	0.50	0.43	0.36	0.52	0.39	0.44
	焙香成分	------------------------------- 平均含量（%）-------------------------------									
811	1-Ethyl-1H-Pyrrole	0.24	0.23	0.17	0.11	0.13	0.08	0.11	0.08	0.08	0.05
828	Furfural	4.87	3.26	3.22	2.28	4.35	3.81	3.39	3.84	3.28	2.13
911	Ethylpyrazine	0.66	0.21	0.60	0.11	0.41	0.77	0.24	0.00	0.00	0.00
953	Benzaldehyde	1.44	1.71	1.95	2.19	2.09	2.21	2.13	2.40	2.33	2.34

（續表 2-10-2）

滯留指數	香氣成分	貯藏時間（月）									
		0	1	3	6	9	12	18	24	30	36
	其他成分（雜異味）	------------------------------- 平均含量（%）-------------------------------									
720	Propionic acid	0.45	1.22	0.53	0.58	0.66	0.68	1.16	1.33	1.91	2.23
904	Pentanoic acid	0.37	0.48	0.43	0.33	0.53	0.59	0.92	1.73	1.15	1.71
970	Heptanol	0.10	0.26	0.31	0.37	0.24	0.24	0.35	0.41	0.38	0.54
979	3-Octenol	0.43	0.77	0.77	1.00	0.65	0.62	0.76	0.79	0.77	0.77
995	(E,Z)-2,4-Heptadienal	0.44	1.02	1.29	2.58	1.43	0.70	0.86	0.58	0.53	0.49
1005	Hexanoic acid	3.40	1.91	3.02	1.66	5.97	6.48	8.38	9.69	8.44	9.77
1008	(E,E)-2,4-Heptadienal	0.00	0.00	3.92	4.79	3.22	2.43	2.76	2.28	2.05	0.00
1056	trans-2-Octenal	0.07	0.65	0.67	1.18	0.74	0.49	0.50	0.35	0.24	0.16
1092	3,5-Octadien-2-one isomer2	0.18	0.36	0.44	0.63	0.79	0.94	1.37	1.17	1.20	1.14
1097	Heptanoic acid	0.00	0.00	0.00	0.00	0.00	0.00	0.00	0.44	0.31	0.51
1102	2,6-Dimethylcyclohexanol	0.00	0.00	0.00	0.48	0.47	0.58	0.00	0.81	0.71	0.93	0.95
1139	2,6,6-Trimethyl-2-cyclohexene-1,4-dione	0.24	0.28	0.28	0.29	0.39	0.33	0.38	0.39	0.41	0.41
1184	Octanoic acid	0.00	0.00	0.00	0.00	0.00	0.00	0.27	0.36	0.52	0.36	0.51
1214	β-Cyclocitral	0.37	0.78	0.56	0.86	0.45	0.39	0.53	0.43	0.49	0.48

（四）化學成分的變化

　　茶葉中的兒茶素類是茶湯滋味的重要成分。兒茶素依化學結構的不同分為游離型兒茶素與酯型兒茶素，游離型兒茶素類包括 Catechin（C）、Epicatechin（EC）、Gallocatechin（GC）及 Epigallocatechin（EGC）；酯型兒茶素類，是與沒食子酸酯化之兒茶素類，包含 Catechin-3-gallate（CG）、Epicatechin-3-gallate（ECG）、Gallocatechin-3-gallate（GCG）、Epigallocatechin-3-gallate（EGCG）。C、GC、CG 和GCG這4種兒茶素為反型，在茶葉中的EC、EGC、ECG、EGCG為順型兒茶素。

　　本研究發現新鮮蜜香紅茶個別兒茶素含量大約排序為 EGCG＞ECG＞EGC＞EC，而另外 4 種個別兒茶素含量較少。圖 2-10-4 和圖 2-10-5 分別為蜜香紅茶貯藏期間總兒茶素和表沒食子兒茶素沒食子酸酯（EGCG）含量的變化圖，由圖可知總兒茶素、表沒食子兒茶素沒食子酸酯（EGCG）的含量在貯藏 12 和 24 個月時較高，但總兒茶素在貯藏 36 個月後其含量與原始含量沒有差異，而 EGCG 在貯藏 36 個月後其含量，雖低於貯藏 12 和 24 個月，但高於原始含量。EGCG 屬於酯型兒茶素，

一般認為其澀味感受程度比非酯型兒茶素來的強烈,對照表 2-10-1 感官品評的結果,可推論 EGCG 含量的增加,對蜜香紅茶貯藏後茶湯變澀的現象有所貢獻。

　　沒食子酸(Gallic acid, GA)為茶葉中主要的酚酸,其本身帶有酸澀味,蜜香紅茶貯藏 36 個月期間沒食子酸含量呈波動變化(圖 2-10-6),對照 pH 值變化(圖 2-10-1)發現,在貯藏 24 個月後茶湯明顯變酸,而沒食子酸含量雖稍有增加,但在貯藏 30 個月後 pH 值下降更多時,沒食子酸含量反而下降,故推測應該另有其他成分,影響蜜香紅茶隨貯藏時間增加而使茶湯變酸。咖啡因是茶葉中苦味的來源之一,圖 2-10-7 為蜜香紅茶貯藏 36 個月期間的含量變化,雖咖啡因呈現出含量先增加後減少的趨勢,但由咖啡因的含量數值看來,其實變化不大,對照咖啡因含量和感官品評的敘述發現,咖啡因含量在貯藏 9 個月後明顯變高,但感官品評在貯藏 30 個月前皆沒有出現苦味,顯見影響不大。

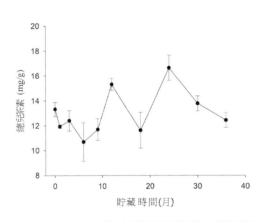

▌ 圖 2-10-4　蜜香紅茶貯藏不同時間之總兒茶素含量變化

圖 2-10-5　蜜香紅茶貯藏不同時間之表沒食子兒茶素沒食子酸酯(EGCG)含量變化

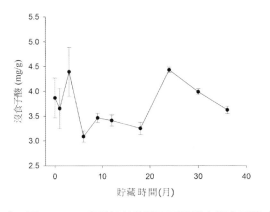

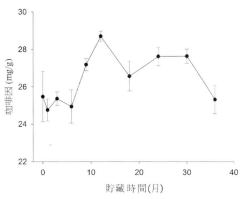

圖 2-10-6　蜜香紅茶貯藏不同時間之沒食子酸含量變化

圖 2-10-7　蜜香紅茶貯藏不同時間之咖啡因含量變化

三、討論

　　一般茶葉在存放的過程中容易吸濕和氧化，導致品質產生變化，陳雜味出現。另外茶葉在貯藏過程中，除了外在的因子影響外，其亦會有自發性的轉變，使茶葉品質逐漸改變。不同的茶類因為發酵和烘焙程度的不同，加上貯存環境的變異，所以貯藏期間品質的變化會有所不同。茶葉的品質會影響其經濟價值，所以茶葉的貯藏也是非常重要的。茶葉的含水量對其成分的變化影響甚大，水分含量愈高陳化速度愈快（汪等，2005），本試驗的結果也顯示蜜香紅茶在貯藏時含水量若高於 4% 以上，茶葉品質就出現明顯的劣變。

　　由表 2-10-2 可見在新鮮的蜜香紅茶香氣成分中，出現許多的醇類和醛類，另外還有些酮類、烷類和單萜烯等成分。在大陸四種功夫紅茶的香氣成分中，最常見的為醇類，多達 20 種，第二多的為醛類，共鑑定出 12 種（Xiao, et al., 2017），如具有青草味的 (Z)-3-Hexen-1-ol 和帶有花香甜香的 Benzyl alcohol、Phenylethyl alcohol 等醇類，以及具菁味的 Hexanal、杏仁甜香的 Furfural 和 Benzaldehyde 和木頭香蜜香的 Phenylacetaldehyde 等醛類，上述的幾種香氣成分也出現在本試驗的蜜香紅茶樣品中。

　　3,7-dimethyl-1,5,7-octatrien-3-ol 即去氫芳樟醇（Hotrienol），為芳樟醇

（Linalool）類的氧化物，具有花香、甜香、果香味，蜂蜜的香氣有此成分（Rowland, et al., 1995），臺灣特色茶東方美人茶亦有（Ogura, et al., 2005）。而有紅茶中香檳之稱的大吉嶺紅茶，3,7-dimethyl-1,5,7-octatrien-3-ol 也是其主要香氣成分之一（Kawakami, et al., 2004）。在受到小綠葉蟬刺吸茶菁所製成的白毫烏龍茶中，發現去氫芳樟醇的含量顯著增加，另外還有 Linalool oxide、Benzaldehyde、Benzyl alcohol、2-Phenylethanol（phenylethyl alcohol）和 Methyl salicylate 等成分之含量也顯著增加（胡與李，2005）。上述這些香氣成分皆有出現在本試驗的蜜香紅茶中，對蜜香紅茶的蜜味、花果香氣應有所貢獻。前人研究顯示茶葉經小綠葉蟬刺吸後會誘導生成 2,6-dimethyl-3,7-octadien-2,6-diol，這個化合物在製茶後生成 Hotrienol，可能就是東方美人茶及蜜香紅茶中獨特蜂蜜香氣的關鍵化學分子（Mei et al., 2017）。本研究發現 Hotrienol 隨貯藏時間增加而減少，與感官品評中蜜味隨貯藏時間增加而下降的結果相符。

另外在表 2-10-2 中發現青香成分的含量有先增加後減少的趨勢，含量最高的 Hexanal（己醛）尤其明顯，這與茶業界所說的紅茶需貯藏一段時間，茶質才會變好，或許也有所關聯。前人研究指出祁門紅茶貯藏一年後 Hexanal 含量下降（Tao et al., 2022），雖然本研究蜜香紅茶貯藏 36 個月後，Hexanal 含量仍高於新鮮茶樣，但貯藏後期確實呈現下降的趨勢。另外，雖大部分的花香成分隨貯藏時間增加而減少，但像是 β-Ionone（β-紫羅蘭酮）含量卻是增加，β-Ionone 這個成分在低濃度時感覺像花香，高濃度時則感覺像木頭香，應該對貯藏一段時間後，感官品評所感受到的木質味有所關聯。

具有蘑菇味的 3-Octenol、脂味、土味的 Pentanoic acid、化學藥品味的 1-Heptanol 和乳酸腐臭味的 Propanoic acid 等不良氣味的含量隨貯藏時間拉長而增加，大致可以對應到表 2-10-1 蜜香紅茶的感官品評結果，貯藏時間愈長雜陳味愈重。前人研究顯示 (E,E)-2,4-Heptadienal 是陳年茶特有的成分（陳，1998），其帶有油脂味及堅果味，而黃等（2020）研究也指出 (E,E)-2,4-Heptadienal 於小葉種紅茶密封及封口夾處理下貯存 1 個月即可被偵測到，且含量隨貯藏時間拉長而增加。本研究則發現在蜜香紅茶貯藏 3 個月後才出現 (E,E)-2,4-Heptadienal，至 6 個月時呈現高峰，之後又逐漸下降，至貯藏 36 個月後就偵測不到，故推測這個成分對一開始的陳味應有所貢獻，而對之後愈來愈重的雜陳味，影響就不大了。

　　Tao 等人（2021）研究貯藏 20 年的祁門紅茶之揮發性成分，顯示茶葉中 C3-C9 的脂肪酸以 Hexanoic acid 占絕大部分，而 Hexanoic acid 帶有汗臭味，可能是茶葉貯藏時產生雜味的重要原因之一。表 2-10-2 中的 Propionic acid、Pentanoic acid、Hexanoic acid、Heptanoic acid 和 Octanoic acid 等，這些脂肪酸都是呈現含量隨貯藏時間拉長而增加，尤其是 Hexanoic acid 的含量從 3.4% 增加到 9.77%。總結來說，蜜香紅茶的香氣成分，在貯藏 36 個月期間，大部分的青香、花香、焙香成分隨貯藏時間增加而減少，少部分的花香和大部分的果香及其他雜異味成分，則是隨貯藏時間拉長而增加。

　　茶葉的感官品評採用各茶類之標準泡，與化學成分分析採總量分析法有所差異，加上貯藏期間，茶葉可能產生物理上的變化，導致各化學成分在茶湯中溶解比例產生變化，是故感官品評的結果與茶湯化學成分的變化，可能無法直接相互比對，合先述明。兒茶素是茶葉中最主要的多酚類化合物之一，也是茶葉的主要抗氧化成分。它們在茶葉中的含量取決於茶葉的種類和加工方法。兒茶素被認為對人體有多種健康益處，包括抗氧化、抗發炎、降血壓、降血脂等。茶葉中之兒茶素類主要由 8 種單體組成，包括 4 種游離型兒茶素及 4 種酯型兒茶素，一般認為兒茶素類成分會使茶湯苦澀，尤其是酯型兒茶素澀味感受程度比游離型兒茶素來的強烈。圖 2-10-4 和圖 2-10-5 顯示總兒茶素、表沒食子兒茶素沒食子酸酯（EGCG）的含量在貯藏 12 和 24 個月時較高，雖無法完全對應至表 2-10-1 之感官品評結果，但蜜香紅茶貯藏 3 年期間，茶湯澀感有隨貯藏時間增加而增加的趨勢。茶湯中除了兒茶素類會造成澀感，另外黃酮類、黃酮醇及其糖苷類也會帶來澀感，且感受程度是兒茶素的百倍到千倍之強，未來若能再進一步分析上述成分，將能更完整論述。有關茶葉貯藏過程中兒茶素含量的變化趨勢，前人研究結果各有不同（林等，2020；曾等，2017；袁等，2018），故仍需更多試驗才能推測整體變化走向。

　　沒食子酸是一種天然的有機酸，存在於茶葉中。沒食子酸具有抗氧化和抗發炎特性，同時也為茶葉帶來了獨特的風味。表 2-10-1 的感官品評結果發現在貯藏 30 個月時出現了微酸味，36 個月時酸味重，與蜜香紅茶茶湯的 pH 值隨貯藏時間增加先升再下降至 5.0 左右的結果一致，另外沒食子酸雖然會影響茶湯的酸味，但由圖 2-10-6 可知，蜜香紅茶貯藏 3 年期間，沒食子酸含量變化不明顯，故推測應另有其他成分影響茶湯在貯藏時變酸。茶葉在有氧氣的狀況下貯藏時，隨著時間增加而

pH 值下降的趨勢，似乎是穩定且普遍存在的現象，蔡等（2010）分析不同年分文山包種茶之品質，結果指出年分越久，其 pH 值越低，但超過一定年限後 pH 值反而有回升的趨勢。Ning et al.（2016）研究指出隨著存放年分的增加，白茶的沒食子酸含量會逐漸提高。另外，也有前人研究指出一般在茶葉的貯藏過程中，沒食子酸含量會先增加再下降，與茶葉貯藏時風味先變酸再轉化掉酸味的現象應該有所關聯（楊，2018）。本研究可能因貯藏時間才 3 年，故尚未觀察到沒食子酸含量會逐漸提高或 pH 值回升的趨勢。

　　咖啡因是茶葉中的一種生物鹼，也是茶葉的主要興奮劑成分。咖啡因能夠刺激中樞神經系統，提神醒腦，增加注意力和警覺性。袁等（2018）研究顯示，廣東單叢茶即使經過 20 年的貯存，咖啡因含量亦無顯著差異。顯示咖啡因為相當穩定之化合物，不易因貯存時間長短而發生變化。蜜香紅茶貯藏 36 個月期間咖啡因的含量變化，雖呈現出先增加後減少的趨勢，但由咖啡因的含量數值看來，其實變化不大，大致也與前人研究相符。

四、參考文獻

1. 汪毅、龔正禮、駱耀平。2005。茶葉保鮮技術及質變成因的比較研究。中國食品添加劑 5: 19-22。

2. 吳聲舜、蕭國忠。2018。花蓮和臺東茶區茶類變遷與未來展望。第六屆茶業科技研討會專刊。pp.9-22。

3. 林燕萍、龍樂、宋煥祿、劉寶順、黃毅彪。2020。貯藏時間對武夷岩茶金鎖匙生化成分及感官品質的影響。食品科學技術學報 38(5): 119-126。

4. 胡智益、李志仁。2005。小綠葉蟬吸食茶菁對白毫烏龍茶香氣成份之影響。臺灣茶業研究彙報 24: 65-76。

5. 陳玉舜、區少梅。1998。包種茶貯藏期間成茶揮發性成分之變化。中國農業化學會誌 36(6): 630-639。

6. 陳惠藏、吳聲舜、陳信言。2004。小綠葉蟬吸食茶菁製茶試驗。臺灣茶業研究彙報 23: 79-90。

7. 袁爾東、段雪菲、向麗敏、孫伶俐、賴幸菲、黎秋華、任嬌豔、孫世利。

2018。貯藏時間對單叢茶成分及其抑制脂肪携、 α 葡萄糖苷携活性的影響。華南理工大學學報（自然科學版）46(11): 24-28。

8.　曾亮、田小軍、羅理勇、官興麗、高林瑞。2017。不同貯藏時間普洱生茶水提物的特徵性成分分析。食品科學 38(2): 198-205。

9.　黃宣翰、郭芷君、邱喬嵩、楊美珠。2020。不同包裝方式對小葉種紅茶之茶葉品質及揮發性成分之影響。臺灣茶業研究彙報 39: 139-172。

10.　楊美珠。2018。茶葉兒茶素之代謝機制與生物活性。國立臺灣大學生物資源暨農學院園藝暨景觀學系博士論文。臺灣臺北市。

11.　鄭混元、余錦安、范宏杰。2017。蜜香茶類週年生產管理技術模式之建立。第四屆茶業科技研討會專刊 pp.152-177。

12.　蔡怡婷、蔡憲宗、郭介煒。2010。文山包種茶不同年份茶葉品質變化之研究。嘉大農林學報 8(1): 67-79。

13.　Kawakami, M., Sarma, S., Himizu, K., Konishi, Y. and Kobayashi, A. 2004. Aroma characteristics of Darjeeling tea. In Proceedings of International Conference O-CHA (Tea) Culture Science, Shizuoka, Japan pp:110-116.

14.　Mei, X., Liu, X., Zhou, Y., Wang, X., Zeng, L., Fu, X., Li, J., Tang, J., Dong, F. and Yang, Z. 2017. Formation and emission of linalool in tea (Camellia sinensis) leaves infested by tea green leafhopper (Empoasca (matsumurasca) onukii matsuda). Food Chemistry 237: 356-63.

15.　Ning, J. M., Ding, D. Song, Y. S., Zhang, Z. Z., Luo, X., and Wan, X. C. 2016. Chemical constituents analysis of white tea of different qualities and different storage times. Eur. Food Res. Technol 242: 2093-2104.

16.　Ogura, M., Terada, I., Shirai, F., Tokoro, K., Chen, K. R., Chen, C. L. and Sakata, K. 2005. Tracing aroma characteristics changes during processing of the famous Formosa oolong tea "Oriental Beauty". In Proceedings of 2004 International Conference on O-Cha (tea) Culture and Science, Shizuoka, Japan pp: 240-242.

17.　Rowland, C. Y., Blackman, A. J., D'Arcy, B. R. and Rintoul, G. B. 1995. Comparison of organic extractives found in leatherwood (Eucryphia lucida) honey and leatherwood flowers and leaves. Journal of Agricultural and Food Chemistry.

43(3): 753-763.

18. Tao, M., Guo,W., Zhang,W. and Liu, Z. 2022. Characterization and Quantitative Comparison of Key Aroma Volatiles in Fresh and1-Year-Stored Keemun Black Tea. Infusions: Insights to Aroma Transformation during Storage. Foods 11: 628.

19. Tao, M., Xiao, Z., Huang, A., Chen, J., Yin, T. and Liu, Z. 2021. Effect of 1–20 years storage on volatiles and aroma of Keemun congou black tea by solvent extraction-solid phase extraction-gas chromatography-mass spectrometry. Food science and technology 136(2): 100278.

20. Xiao, Z., Wang, H., Niu, Y., Liu, Q., Zhu, J., Chen, H. and Ma, N. 2017. Characterization of aroma compositions in different Chinese congou black teas using GC–MS and GC–O combined with partial least squares regression. Flavour and Fragrance Journal. 32(4): 265-276.

11

不同貯藏時間之 GABA 烏龍茶品質及化學成分變化

黃宣翰、郭芷君、邱喬嵩、楊美珠、蔡憲宗

一、前言

　　γ - 胺基丁酸（γ-Aminobutyric acid, GABA）是一種不構成蛋白質的胺基酸，早在 1950 年代就被發現是脊椎動物腦神經重要的抑制性神經傳導物質，對交感神經系統具調節作用。近來許多動物試驗與臨床試驗也證實，GABA 是安全又安定之鎮靜劑，腦中高濃度的 GABA 有助人體紓緩許多精神不適症狀，如減輕壓力及焦慮狀態，並讓注意力更集中（Abdou et al., 2008），而適量的補充 GABA，更具有降血壓（Nishimura et al., 2016）、紓緩睡眠障礙之功效（Yamatsu et al., 2016）。

　　於 1980 年代，日本津志田藤二郎博士在研究茶胺酸（theanine）的代謝過程中，發現以厭氧（CO_2 或 N_2）條件處理新鮮茶菁後，GABA 及丙胺酸（alanine）含量顯著提高，此結果有別於一般有氧狀態所製成茶之成分（Tsushida et al., 1987）。因此引起日本人對高 GABA 含量茶的興趣，並於 1987 年以佳葉龍茶、GABA Tea 等商品名正式在日本上市，其定義每 100 g 茶葉需含有 150 mg 以上之 GABA。然而傳統「佳葉龍茶」在厭氧狀態下製成，很容易帶有一股悶酸臭味，讓一般消費者難以接受。因此，為滿足烏龍茶愛好者的需求，農業部茶及飲料作物改良場將傳統烏龍茶萎凋浪菁手法融入到「佳葉龍茶」的厭氧發酵工序，創新研發成 GABA 烏龍茶，將悶酸臭味轉變為似熟成鳳梨、柑橘或香蕉般的酸甜水果風味，讓品好茶的同時兼顧保健訴求（楊等，2018）。

　　前人研究顯示，茶葉陳化是由許多因素所構成，包括多酚類、胺基酸、維生 C、脂肪酸等物質的氧化以及葉綠素轉化（王等，2019）。然而 GABA 烏龍茶屬具保健功能之新興茶類，關於貯藏是否會影響風味品質，或是影響機能性成分含量等資料皆相當匱乏。因此，本研究以封口夾包裝來模擬消費者購買茶葉開封後之日常貯藏方式，記錄其感官品評和化學成分等科學數據資料，探究貯藏時間與品質之相關性，以作為 GABA 烏龍茶貯藏的科學依據。

二、結果

　　以民國 105 年（2016）7 月本場自行加工製造之臺茶 12 號 GABA 烏龍茶為試驗材料。本研究以封口夾包裝來模擬消費者購買茶葉開封後之日常貯藏方式。

GABA 烏龍茶貯藏期間平均溫度室溫爲 23.8±4.3℃，濕度爲 51.8±7.5%，於貯藏 3 年間定期進行感官品評、香氣成分及相關化學成分分析。

（一）感官品評變化分析

GABA 烏龍茶新鮮茶樣的風味特徵爲帶有些許菁味，有花香、偏濃的柑橘及鳳梨般的酸甜熟果香，其貯藏 3 年期間的感官品評結果如表 2-11-1。

1. 外觀色澤及水色

GABA 烏龍茶在貯藏期間無法以肉眼評斷出外觀色澤與水色之變化差異，因此評鑑分數仍維持與原樣（貯藏 0 個月）相同爲 7 分。

2. 風味（香氣、滋味）

茶樣經貯藏 1 個月後出現微悶、微酸之感，但仍帶有果香，品評總分下滑至 6.1 分；貯藏 3 個月後粗澀感提升並已有些許陳味產生，品評分數微降至 6.0 分；6 個月後風味漸淡，陳味明顯並帶有微酸，悶雜和菁味，因此分數較大幅下滑至 5.4 分；貯藏 9 個月後油耗味開始出現，因此分數又有較大幅度的降低至 5.0，此時風味淡、並帶有陳味、酸味、悶雜及粗澀感是主要的風味特徵；直到貯藏 18 個月風味仍淡、陳味、酸味及油耗味等風味特徵仍然持續存在；貯藏 24 個月之後油耗味有稍減弱的趨勢；貯藏 30 個月後酸味持續增強，並且帶有轉化之感。之後 36 個月陳味持續提高，帶有明顯酸味並且出現了梅子味，陳味中夾帶酸味與梅子香，會出現類似老茶的風味，茶葉風味有明顯地轉化。而綜合 36 個月貯藏時間感官品評的變化，風味變淡，酸、澀、陳味與油耗味持續提升是主要變化趨勢，但貯藏至後期似乎有轉化之感，並且出現了梅子味等類似老茶的特徵風味。

▼ 表 2-11-1　GABA 烏龍茶貯藏不同時間之感官品評結果

貯藏時間（月）	外觀（20%）	水色（20%）	風味		總分 *	敘述
			香氣（30%）	滋味（30%）		
0	7.0	7.0	6.9	6.7	6.9	微菁、有花香、柑橘及鳳梨等熟果香偏濃
1	7.0	7.0	5.6	5.4	6.1	微悶、微酸、微帶果香
3	7.0	7.0	4.6	5.9	6.0	微悶、微陳、澀感上升
6	7.0	7.0	4.3	4.3	5.4	淡、陳味、微酸、悶雜、帶菁味
9	7.0	7.0	3.5	3.7	5.0	淡、陳味、酸味、悶雜、粗澀、油耗味
12	7.0	7.0	3.3	3.4	4.8	淡、陳味、酸味、悶雜、粗澀、油耗味
18	7.0	7.0	3.3	3.3	4.8	淡、陳味、酸味、油耗味、澀感上升
24	7.0	7.0	3.3	3.3	4.8	淡、陳味、酸味、油耗味減弱
30	7.0	7.0	3.3	3.0	4.7	悶雜、陳味、淡、酸味增加、有轉化
36	7.0	7.0	2.8	2.5	4.4	陳味提高、酸味、帶梅子味、有轉化

* 總分：外觀分數 *0.2+ 水色分數 *0.2+ 香氣分數 *0.3+ 滋味分數 *0.3，4 捨 5 入至小數點後 1 位。

（二）茶湯 pH 值、水分含量及水色的變化

1.　茶湯 pH 值

　　GABA 烏龍茶貯藏 36 個月的茶湯 pH 值變化如圖 2-11-1，前 6 個月的茶湯 pH 值沒有明顯的變動仍維持在 4.9 左右，而在貯藏第 9 個月茶湯 pH 值會有明顯的下滑至 4.7 左右，然後維持小幅震盪，直至第 36 個月才有進一步下滑之趨勢，從趨勢變化之結果可明顯觀察出 GABA 烏龍茶有酸化之現象。

2.　水分含量

　　進一步分析 GABA 烏龍茶之水分含量變化如圖 2-11-2，結果顯示 GABA 烏龍茶於貯藏 36 個月間，水分含量主要在 5% 左右呈現上下震盪之變化，沒有明顯受外界環境濕度影響之情形，但這有可能是受原始茶樣含水量就稍高所導致。

3.　水色

　　本研究採用 CIELAB 色彩空間來表示茶湯水色的變化，其是國際照明委員會（International Commission on Illumination, CIE）在 1976 年所定義的色彩空間，它將色彩用 3 種數值表達，「L*」代表明亮程度；「a*」代表紅綠程度，正值為紅色，負值為綠色；「b*」表黃藍程度，正值為黃色，負值為藍色。GABA 烏龍茶的

水色變化趨勢結果顯示，L* 似乎有隨貯藏時間逐漸提高之趨勢，而 a* 值與 b* 值在 36 個月的貯藏期間呈現波動變化，並無觀測到固定的變化趨勢（圖 2-11-3），後續仍待更久的貯藏時間來觀察所造成的變化是否穩定。

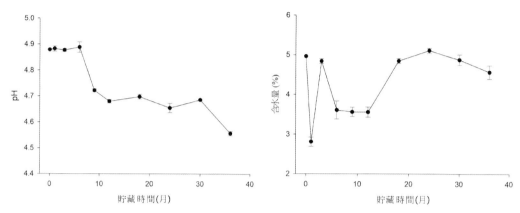

圖 2-11-1　GABA 烏龍茶貯藏不同時間之 pH 值變化　｜　圖 2-11-2　GABA 烏龍茶貯藏不同時間之水分含量變化

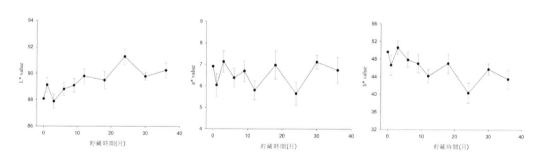

圖 2-11-3　GABA 烏龍茶貯藏不同時間之水色變化

（三）香氣的變化

目前市面上有少數免費資料庫可供民眾檢索特定揮發性化合物的香氣特性，Flavornet 資料庫是康乃爾大學的 Terry Acree 及 Heinrich Arn 教授所建立，The Good Scents Company Information System（TGSC）是美國一間香料公司所建立的資料庫，ATSDR 是美國毒性物質及疾病登記署所建置的環境汙染物氣味資料庫，FEMA 則為美國食品香料與萃取物製造協會的網站資料庫。透過檢索上述資料庫，將 GABA

烏龍茶香氣成分中具有顯著變化差異的化合物依香型分類呈現如表 2-11-2。一些青香分子如 Hexanal 和 trans-2-Hexenal 在整體的貯藏中呈波動變化，並無一定之規律，trans-2-Methyl-2-butenal、cis-2-Pentenol 以及同時具有青草和油脂風味的香氣化合物 6-Methyl-5-hepten-2-one（Wang et al., 2008），其在 3 年貯藏過程中含量會逐漸提升。具有臭味、青草與新鮮香氣的 (R,S)-5-Ethyl-6-methyl-3E-hepten-2-one，此化合物僅能在有氧氣存在的條件下生成並逐漸累積在茶葉中。

在貯藏的過程中可發現 cis-Linalool oxide (furanoid)、trans-Linalool oxide (furanoid)、Linalool（芳樟醇）、Phenylethyl Alcohol（苯乙醇）、trans-Geraniol（香葉醇）等茶葉中相當重要的花香代表性物質，在貯藏過程中的含量會持續減少，另外亦有部分的果香化合物 cis-3-Hexenyl-α-methylbutyrate 和 trans-2-Hexenyl-2-methylbutyrate 亦會隨著貯藏時間減少，這或許也是感官品評會越來越淡的可能原因之一。α-Ionone（α-紫羅蘭酮）和 β-Ionone（β-紫羅蘭酮）是類胡蘿蔔素的降解產物，帶有木質、莓果、花香及堅果香，其中 α-Ionone 並不存在於新鮮茶葉，而 β-Ionone 在新鮮茶葉中僅存在微量，但茶葉開始貯藏後，茶葉接觸到空氣，α-Ionone 便會生成且穩定存在，β-Ionone 含量則會逐漸累積提高，加上感官品評結果中隨著貯藏時間的增加，茶樣有很明顯的木質味，因此推測此兩個成分有可能是木質味的主要來源成分之一。

GABA 烏龍茶中有許多果香化合物含量會隨著貯藏時間增加而在茶葉中逐漸累積，包括了 1-Pentanol、Methyl hexanoate、Methyl octanoate、2-Butyl-2-octenal、Ethyl decanoate 和 dihydroactioidiolide，而在多個果香化合物的作用之下，貯藏 36 個月所產生的酸梅味或許也與其有關。

trans-2-Octenal 具有焙香及油脂味，3,5-Octadienone isomer2 與 (E,E)-2,4-Heptadienal 也都具有油脂味，此三種化合物約在貯藏 6 個月後生成，對照感官品評結果，9 個月後茶樣開始出現油耗味，因此推測油耗味這個不良風味可能是由 trans-2-Octenal、3,5-Octadienone isomer2 與 (E,E)-2,4-Heptadienal 等三種化合物所構成。另中有數種可能與茶葉中的陳味有相關性，包括 2,6,6-Trimethyl-2-cyclohexene-1,4-dione 具有霉味與木質香，以及具有木質香的 β-Cyclocitral 與 2,6-Dimethylcyclohexanol，其在貯藏的茶葉中皆具有明顯累積的效應，推測與茶樣的陳味具有一定之相關性。此外羧酸是醇、醛、酮類化合物氧化反應的終點產物，

當氧氣存在時，可預期茶葉中會生成有機酸類，而在本研究中可偵測到帶有汗臭味的 Hexanoic acid（己酸），因此上述數種因氧化作用生成之化合物都可能是茶葉貯藏產生雜異味的重要原因。

▼ 表 2-11-2　GABA 烏龍茶貯藏不同時間之香氣成分變化

滯留指數	香氣成分	貯藏時間（月）									
		0	1	3	6	9	12	18	24	30	36
	青香成分	---------------------------- 平均含量（%）----------------------------									
735	trans-2-Methyl-2-butenal	0.08	0.16	0.18	0.25	0.26	0.36	0.31	0.31	0.23	0.37
765	cis-2-Pentenol	0.16	0.34	0.53	1.21	0.62	1.36	1.19	1.25	1.36	1.33
800	Hexanal	1.28	2.00	2.38	3.57	2.19	4.28	2.61	2.12	2.15	2.18
847	trans-2-Hexenal	0.41	0.90	0.44	0.65	0.67	0.82	0.45	0.34	0.35	0.38
986	6-Methyl-5-hepten-2-one	0.37	0.51	0.00	0.66	0.92	1.18	1.56	1.63	1.27	1.49
1145	(R,S)-5-Ethyl-6-methyl-3E-hepten-2-one	0.00	0.00	0.00	0.88	0.70	1.17	1.14	1.06	1.29	1.51
	花香成分	---------------------------- 平均含量（%）----------------------------									
1069	cis-Linalool oxide (furanoid)	12.4	8.18	6.93	8.00	9.17	8.18	7.78	8.02	7.22	7.73
1086	trans-Linalool oxide (furanoid)	15.0	12.4	11.2	11.4	10.9	9.18	8.02	8.40	8.07	8.04
1100	Linalool	6.28	5.48	5.15	5.18	5.30	4.35	3.39	3.42	3.58	3.42
1109	Phenylethyl Alcohol	2.96	3.56	5.24	2.52	4.45	2.01	2.16	2.01	2.11	2.16
1257	trans-Geraniol	1.11	0.99	1.29	0.63	1.07	0.52	0.43	0.43	0.47	0.45
1424	α-Ionone	0.00	0.00	0.00	0.10	0.08	0.15	0.15	0.17	0.15	0.17
1453	trans-Geranylacetone	0.00	0.00	0.11	0.11	0.12	0.16	0.21	0.26	0.23	0.27
1483	β-Ionone	0.15	0.30	0.60	0.66	0.72	0.90	1.10	1.21	1.06	1.46
	甜香成分	---------------------------- 平均含量（%）----------------------------									
910	γ-Butyrolactone	1.33	0.97	2.16	0.85	0.63	0.88	1.25	1.39	1.85	1.62
1104	Hotrienol	3.48	2.65	4.28	2.71	4.54	2.12	1.93	1.94	1.67	1.91
	果香成分	---------------------------- 平均含量（%）----------------------------									
761	1-Pentanol	0.15	0.25	0.45	0.45	0.30	0.72	0.58	0.61	0.56	0.64
924	Methyl hexanoate	0.00	0.00	0.00	0.11	0.08	0.20	0.25	0.33	0.35	0.36
1126	Methyl octanoate	0.00	0.00	0.00	0.00	0.00	0.00	0.13	0.16	0.19	0.17
1235	cis-3-Hexenyl-α-methylbutyrate	0.43	0.33	0.23	0.39	0.33	0.51	0.00	0.00	0.00	0.00
1242	trans-2-Hexenyl-2-methylbutyrate	1.23	0.98	0.67	0.79	0.70	0.77	0.54	0.55	0.61	0.57
1373	2-Butyl-2-octenal	0.00	0.00	0.00	0.00	0.00	0.10	0.14	0.14	0.12	
1398	Ethyl decanoate	0.00	0.00	0.00	0.10	0.03	0.09	0.08	0.05	0.08	0.08

（續表 2-11-2）

滯留指數	香氣成分	貯藏時間（月）									
		0	1	3	6	9	12	18	24	30	36
1519	dihydroactioidiolide	0.00	0.00	0.00	0.00	0.65	0.29	0.60	0.98	0.45	1.09
	焙香成分	------------------------------ 平均含量（%）------------------------------									
953	Benzaldehyde	0.86	1.04	1.34	1.18	1.92	1.67	2.29	2.41	2.15	2.35
	其他成分（雜異味）	------------------------------ 平均含量（%）------------------------------									
889	2-Heptanone	0.05	0.09	0.08	0.28	0.22	0.49	0.42	0.57	0.52	0.61
970	Heptanol	0.00	0.07	0.13	0.11	0.16	0.22	0.34	0.43	0.37	0.45
979	3-Octenol	0.23	0.33	0.29	0.47	0.52	0.63	0.86	0.81	0.76	0.76
1005	Hexanoic acid	0.00	0.00	0.53	1.86	1.99	4.21	6.79	6.99	5.61	5.28
1008	(E,E)-2,4-Heptadienal	0.00	0.00	0.00	0.92	0.61	5.02	4.44	3.02	2.78	2.61
1056	trans-2-Octenal	0.00	0.00	0.00	0.49	0.58	0.53	0.49	0.46	0.33	0.36
1092	3,5-Octadienone isomer2	0.00	0.00	0.24	0.98	0.76	1.37	1.70	1.72	1.63	1.88
1102	2,6-Dimethylcyclohexanol	0.00	0.17	0.00	0.82	0.39	1.33	1.23	1.35	1.26	1.58
1139	2,6,6-Trimethyl-2-cyclohexene-1,4-dione	0.00	0.00	0.17	0.42	0.38	0.43	0.46	0.52	0.55	0.62
1214	β-Cyclocitral	0.43	0.51	0.65	0.71	0.60	0.91	0.76	0.78	0.80	0.86

（四）化學成分的變化

除揮發性的香氣成分外，茶葉中的可溶性化學成分亦可能受到貯藏時間和氧氣的影響而產生變化。圖 2-11-4 呈現了 GABA 烏龍茶在貯藏期間之沒食子酸含量變化，結果顯示隨著貯藏時間的改變，並無觀察到沒食子酸含量有穩定且明顯的變化趨勢。然而從圖 2-11-1 之 pH 變化結果可以得知，茶湯 pH 有隨著貯藏時間增加而下降的趨勢，因此沒食子酸的含量似乎與 pH 值之間並無變化的一致性。圖 2-11-5 爲貯藏期間咖啡因含量變化，結果顯示咖啡因含量並無穩定且明顯的變化趨勢。簡稱 GABA 的 γ-胺基丁酸是 GABA 烏龍茶最重要的機能性成分，因此 GABA 含量是否因貯藏時間長短而發生改變，可視爲影響 GABA 烏龍茶價值的重要因素。圖 2-11-6 結果顯示，貯藏初期可能因取樣上的誤差，導致 GABA 值有提高之現象。但貯藏時間拉長後則回復到約 160mg/100g，顯示 GABA 含量不易受貯藏影響。

茶葉中之兒茶素類主要由 8 種單體組成，包括 4 種游離型兒茶素，分別爲沒食子酸兒茶素（Gallocatechin, GC）、表沒食子兒茶素（Epigallocatechin, EGC）、兒茶素（Catechin, C）、表兒茶素（Epicatechin, EC），及 4 種酯型兒茶素，分別

爲表沒食子兒茶素沒食子酸酯（Epigallocatechin gallate, EGCG）、沒食子兒茶素沒食子酸酯（Gallocatechin gallate, GCG）、表兒茶素沒食子酸酯（Epicatechin gallate, ECG）、兒茶素沒食子酸酯（Catechin gallate, CG）。而 GABA 烏龍茶個別兒茶素含量多寡粗略排序爲 EGCG ≒ EGC>EC ≒ ECG>GC ≒ GCG>C>CG，以 EGCG 及 EGC 兩者含量最高。在總兒茶素含量之部分（圖 2-11-7），在貯藏前中期含量並無明顯變化趨勢，直到貯藏第 36 個月，總兒茶素含量似乎有降低之趨勢，若以個別兒茶素來看，EGC 同樣在貯藏第 36 個月有下滑的現象（圖 2-11-8），EGCG 則無明顯變化趨勢（圖 2-11-9）。後續仍需觀察貯藏至第 4 年甚至是第 5 年後的兒茶素含量，才能確認兒茶素含量確實有減少之趨勢。此外感官品評結果可發現，隨著貯藏時間增加會出現粗澀感，然而若對照兒茶素含量之變化趨勢，可發現兒茶素含量並無顯著提升之現象。在一般的認知中，普遍認爲兒茶素是造就茶湯苦澀之主因，但透過本試驗之結果也證實於茶葉貯藏過程中，茶湯澀感產生的原因並非兒茶素，而是其他未知的物質。

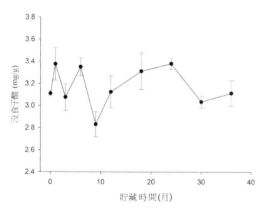

圖 2-11-4　GABA 烏龍茶貯藏不同時間之沒食子酸含量變化

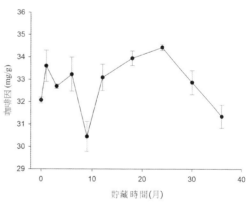

圖 2-11-5　GABA 烏龍茶貯藏不同時間之咖啡因含量變化

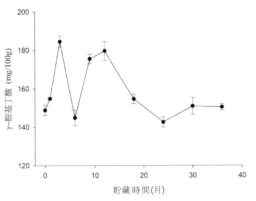

圖 2-11-6　GABA 烏龍茶貯藏不同時間之 γ-胺基丁酸含量變化

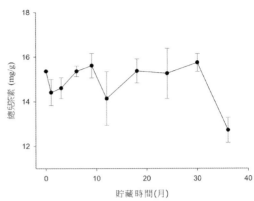

圖 2-11-7　GABA 烏龍茶貯藏不同時間之總兒茶素含量變化

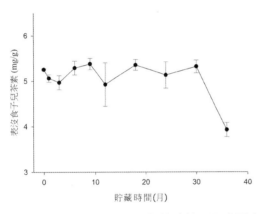

圖 2-11-8　GABA 烏龍茶貯藏不同時間之 EGC 含量變化

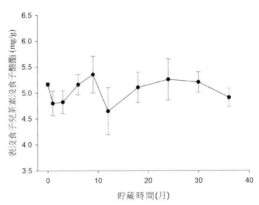

圖 2-11-9　GABA 烏龍茶貯藏不同時間之 EGCG 含量變化

三、討論

　　茶葉的香氣成分大部分是製茶加工過程中產生，其來自四個主要的路徑，類胡蘿蔔素（carotenoids）、脂質（lipids）、糖苷類（glycosides）之氧化降解產物和梅納反應（Maillard reaction）之生成產物（Ho et al., 2015）。其中胡蘿蔔素和脂質的自動氧化作用因不需酵素參與，所以在茶葉貯藏的過程中會持續進行，進而不斷地

改變茶葉香氣的組成。馬等（2017）試驗結果顯示，隨著茶葉貯藏時間延長，脂類化合物發生水解及氧化反應，形成低分子的醛、酮、醇類等代謝產物是茶葉產生雜異味的主要原因。本研究以封口夾進行包裝，在氧氣可自由通透之情形下，可預期隨貯藏時間增加，茶樣感官品評結果會與新鮮茶樣有顯著差異。而實際對照感官品評結果發現，風味變淡，酸、澀、陳味與油耗味是貯藏的主要風味特徵，但貯藏至後期似乎有轉化之感。

在本研究中觀察到 GABA 烏龍茶 pH 值有隨時間下降之趨勢，在許多前人研究中亦有觀察到同樣現象（蔡等，2011；陳等，2017）。另對照感官品評之結果，在貯藏 9 個月之後酸味變得明顯，此時 pH 值亦有較明顯的下滑趨勢，因此酸味的風味感受或許也跟 pH 值變化具有相關性。

GABA 烏龍茶是一款以保健為訴求的新興茶類，其特殊的悶酸風味讓人印象深刻，其成因是否為厭氧製程誘導新的化合物生成所致，也是許多人想一探之問題。氣相層析質譜儀之分析結果顯示，其香氣組成絕大部分不為 GABA 烏龍茶所特有，例如 trans-Linalool oxide (furanoid)、Linalool、cis-Linalool oxide (furanoid)、Hexanal、trans-2-Hexenal 等等成分皆是茶葉中常見並帶有花香、青香的揮發性化合物。然而此結果無法解釋 GABA 烏龍茶特殊的悶酸香氣，因此交叉比對同為臺茶 12 號製成之小葉種紅茶香氣組成分，結果顯示 γ-Butyrolactone 在小葉種紅茶中不存在，但在 GABA 烏龍茶中有相當之含量，推測可能與 GABA 烏龍茶特殊的香氣有關。γ-Butyrolactone 是一種常見的化合物，攝入人體之後經 alcohol dehydrogenase 及 lactonase 酵素的催化，最終代謝為 γ-hydroxybutyrate（黃，2006），而 γ-hydroxybutyrate（GHB）是 γ-aminobutyric acid（GABA）的類似物也具有類似的功效，最早被作為麻醉劑使用，爾後因吸食 γ-hydroxybutyrate 具有放鬆效果且會帶來快樂感，被廣泛當成娛樂性用藥而濫用（Corkery et al, 2015），目前歐美各國已將其管制。然而事實上 γ-Butyrolactone 在茶葉中並非是十分罕見的揮發性物合物，肖等（2017）曾在玉蘭香型鳳凰單叢茶中偵測到 γ-Butyrolactone，東方美人茶中也有 γ-Butyrolactone 的存在，只是在 GABA 烏龍茶中 γ-Butyrolactone 的含量相當高，若以峰面積作為相對含量比較之依據，GABA 烏龍茶中 γ-Butyrolactone 含量大約是東方美人茶的 16 倍，由此可推論 GABA 烏龍茶的厭氧製程應可促使 γ-Butyrolactone 的生成與累積。

前人研究顯示 (E,E)-2,4-Heptadienal 是陳年茶特有的成分（陳等，1998），是亞麻油酸及亞油酸等不飽和脂肪酸氧化生成，其帶有油脂味及堅果味。而本研究亦有同樣發現，(E,E)-2,4-Heptadienal 是在貯藏過程中產生。前人研究顯示，3,5-Octadienone 是亞麻籽油氧化後主要生成的酮類物質（袁等，2023），而在 GABA 烏龍茶的貯藏過程中，其含量會隨時間呈倍數的成長。Dai et al.（2020）以 OPLS-DA 法分析陳年綠茶與陳舊味（Stale odour）之相關性，結果發現 3,5-Octadienone 是影響程度最高的揮發性化合物。這或許也能解釋在感官品評結果中的油耗味來源。馬等（2017）研究顯示，茶葉中殘存的不飽和脂肪酸，在貯藏過程中的自動氧化是造成茶葉品質劣變的原因。此外，亦有研究指出速溶綠茶中脂肪酸含量僅為綠茶原料的 0.5%，在倉庫中存放數年之久，也較少出現品質劣變現象，可能是因為脂肪酸類物質是脂溶性，用水不易萃取，相對於茶葉，速溶綠茶少了很多脂肪酸氧化反應，有利於品質穩定性（Zhu et al., 2001）。因此，要長期貯藏茶葉，最重要的是減少茶葉接觸到氧氣，來防止脂肪酸氧化降解，或是提高發酵程度，減少茶葉中殘存的脂肪酸含量，或許也有助於減緩茶葉雜異味的生成速率。

在化學成分之部分，在貯藏期間 GABA 烏龍茶的沒食子酸含量無明顯變化趨勢，然而從 pH 值之變化結果可以得知，茶湯 pH 值有隨著貯藏時間增加而下降的現象，這或許也是感官品評中感受到酸味的原因之一。然而從本研究中可以得知，茶湯 pH 值下降與沒食子酸含量無關，是其他化合物所造成。

GABA 茶在臺灣經數十年的發展已衍生至多種茶類，除 GABA 烏龍茶外亦有 GABA 包種茶、GABA 紅茶等等。Wu et al.（2023）曾調查臺灣市售 GABA 茶的 GABA 含量，結果 220 件樣品中，有 90% 的樣品符合 150 mg/100 g 之標準。此外，最新的研究證實，GABA 茶萃取物可促進脂肪代謝，促進脂肪酸氧化，因此定期飲用 GABA 烏龍茶具有減少超重風險的潛力（Weerawatanakorn et al. 2023）。GABA 含量的多寡是機能性茶類 GABA 烏龍茶價值之所在。然而目前國內缺乏針對 GABA 烏龍茶中 GABA 含量長期監測的研究數據，僅有短期的試驗結果。邱（2006）探討佳葉龍茶之貯藏安定性，結果顯示在室溫條件下，貯藏 6 個月後 GABA 含量並無顯著差異。而本研究延長了貯藏時間，結果顯示在 3 年的貯藏時間，GABA 含量並無降解之現象，無損其保健功效。

四、參考文獻

1. 王近近、袁海波、陶瑞濤、鄭余良、滑金杰、董春旺、江用文、王霽昀。2019。溫度與濕度對龍井綠茶及功夫紅茶貯藏品質的影響。生產與科研應用 45(24): 209-217。

2. 肖凌、毛世紅、童華榮。2018。3 種香型鳳凰單叢茶揮發性成分分析。食品科學 39(20): 233-239。

3. 邱千容。2006。台灣佳葉龍茶之貯藏安定性的探討。國立中興大學食品暨應用生物科技學系碩士學位論文。

4. 袁彬宏、陳亞淑、周琦、鄧乾春。2023。亞麻籽油揮發性風味物質研究進展。食品科學 44(19): 290-298。

5. 陳玉舜、區少梅。1998。包種茶貯藏期間成茶揮發性成分之變化。中國農業化學會誌 36(6): 630-639。

6. 陳荷霞、傅立、歐燕清、王金良、霍佩婷、何培銘。2017。不同貯藏時間對陳香嶺頭單叢茶主要品質的影響。福建農業學報 32(9): 969-974。

7. 馬超龍、李小嫄、岳翠男、王治會、葉玉龍、毛世紅、童華榮。2017。茶葉中脂肪酸及其對香氣的影響研究進展。食品研究與開發 38(4): 220-224。

8. 楊美珠、邱喬嵩。2018。顛覆傳統最放鬆的烏龍茶保健、品飲兩相宜 -「GABA 烏龍茶」。茶業專訊第 104 期。

9. 黃幸朱。2006。以氣相層析質譜及毛細管電泳研究濫用藥物 GHB（γ-hydroxybutyrate）及其代謝物分析方法。高雄醫學大學醫藥暨應用化學研究所碩士學位論文。

10. 蔡怡婷、蔡憲宗、郭介煒。2011。文山包種茶不同年份茶葉品質變化之研究。嘉大農林學報 8(1): 67-79。

11. Abdou, A. M., Higashiguchi, S., Horie, K., Kim, M., Hatta, H., and Yokogoshi, H. 2008. Relaxation and immunity enhancement effects of γ-Aminobutyric acid (GABA) administration in humans. Biofactors 26(3): 201-208.

12. Corkey, J. M., Loi, B., Claridge, H., Goodair, C., Corazza, O., Elliott, S., and Schifano, F. 2015. Gamma hydroxybutyrate (GHB), gamma butyrolactone

(GBL) and1,4-butanediol (1,4-BD; BDO): A literature review with a focus on UKfatalities related to non-medical use. Neurosci. Biobehav. Rev. 53: 52-78.

13. Dai, Q., Jin, H., Gao, J., Ning, J., Yang, X., and Xia, T. 2020. Investigating volatile compounds᾽ contributions to the stale odour of green tea. Int. J. Food Sci. 55: 1606-1616.

14. Ho, C. H., Zheng, X., and Li, S. 2015. Tea aroma formation. Food Science and Human Wellness 4: 9-27.

15. Nishimura M., Yoshida, S. I., Haramoto, M., Mizuno, H., Fukuda, T., Kagami-katsuyama, H., Tanaka, A., Ohkawara, T., Sato, Y., and Nishihira, J. 2016. Effects of white rice containing enriched gamma-aminobutyric acid on blood pressure. Journal of Traditional and Complementary Medicine 6(1): 66-71.

16. Tsushida, T and Murai, T. 1987. Conversion of glutamic acid to γ-aminobutyric acid in tea leaves under anaerobic conditions. Agric. Biol. Chem. 51: 2865-2871.

17. Wang, L. F., Lee, J. Y., Chung, J. O., Baik, J. H., So, S., and Park, S. K. 2008. Discrimination of teas with different degrees of fermentation by SPME-GC analysis of characteristic volatile flavor compounds. Food chem. 109: 196-206.

18. Weerawatanakorn, M., He, S., Chang, C. H., Koh, Y. C., Yang, M. J., and Pan, M. H. 2023. High gamma-aminobutyric acid (GABA) oolong tea alleviates high-fat diet-induced metabolic disorders in mice. Acs Omega 8: 33997-34007.

19. Wu, M. C., Liu, S. L., Liou, B. K., Chen, C. Y., and Chen Y. S. 2023. Investigation on the quality of commercially available GABA tea in Taiwan. Standards 3: 297-315.

20. Yamatsu, A., Yamashita, Y., Pandharipande, T., Maru, I., and Kim, M. 2016. effect of oral γ-aminobutyric acid (GABA) administration on sleep and its absorption in humans. Food Science and Biotechnology 547-551.

21. Zhu, Q., Shi, Z. P., Tong, J. H. 2001. Analysis of free fatty acids in green tea and instant green tea by GC-MS. Journal of Tea science 21(2): 137-139.

第三章

總　論

茶葉化學成分對特色茶感官品質之影響

蕭孟衿、黃宣翰、黃校翊

一、前言

茶葉的風味是由香氣與滋味（包含口味和口感）組成。每一部分都對茶葉的整體品質有著重要影響。

（一）茶葉香氣

香氣是茶葉風味的重要組成部分，可透過鼻前嗅覺直接聞到茶葉在沖泡後所散發出的芳香氣味，或品飲時透過鼻後嗅覺來感知茶湯香氣。依茶改場推出的臺灣特色茶風味輪的香氣成分分類，大致可分 6 大類型，分別為青香、花香、甜香、果香、焙香和其他。不同的香型有不同的香氣分子組成。

（二）茶葉口味

苦、酸、鹹、甜和鮮等 5 種口味是舌頭可辨別的基本味覺感受。茶湯的苦味主要來自於咖啡因、兒茶素類、花青素類和黃酮類，兒茶素類以酯型兒茶素較苦。酸味來自沒食子酸、有機酸類、維生素 C 和一些胺基酸類。胺基酸和糖類是茶湯甘甜的主要來源。至於鮮味主要來自胺基酸類，如茶胺酸、麩胺酸和天門冬胺酸。

（三）茶葉口感

口感是指茶湯在口腔中的觸感和質地，這是茶葉品鑑中的重要方面。依臺灣特色茶風味輪將茶湯的口感分為 5 類，包括餘韻感、濃稠度、滑順度、細緻度和純淨度。滑順度和細緻度包括了茶湯的澀感和粗糙感，文獻指出兒茶素造成澀感和粗糙感，另外黃酮類、黃酮醇及其糖苷類也會帶來澀感，且感受程度是兒茶素的百倍到千倍之強。

茶葉的風味組成需要綜合香氣、口味和口感來進行評價。一款優質的茶葉應該在這三方面達到和諧平衡，香氣宜人，口味豐富，口感舒適。不同的茶葉類型在這三方面的表現會有不同的著重點，但總體來說，好的茶葉應該給品茶者帶來愉悅和難忘的品飲體驗。

二、 貯藏期間香氣成分變化對感官品質之影響

（一）青香

　　相信許多業界人士或是消費者都曾聽說或是感受過，紅茶放置一段時間後，當中的菁味會逐漸減弱。而本研究以 6 種典型青香揮發性成分含量變化程度來評估菁味的增減，包括 Hexanal（己醛）、trans-2-Hexenal（青葉醛）、cis-3-Hexenol（葉醇）、trans-2-Hexenol（反 -2- 己烯醇）、1-Hexanol（己醇）、trans-β-Ocimene（反式 -β- 羅勒烯），其結果如表 3-1 所示。結果顯示，東方美人茶、大葉種紅茶及小葉種紅茶等 3 種茶的 6 種青香分子含量隨貯藏時間遞減的趨勢是所有茶類中最明顯的，這結果符合茶業界長久以來的認知，而 Tao et. al.（2022）研究亦指出祁門紅茶經 1 年貯藏後 Hexanal 含量會顯著低於新鮮茶樣。這代表茶葉的後氧化作用確實影響某些特色茶類，可藉由一段時間的貯藏來消除新茶的「生菁味」。然而茶葉品質是否必然變好可能尚待商榷，因後氧化作用降解青香分子時，雜異味分子也同時伴隨生成，這是一體兩面的事情。因此，茶葉品質提升與否或許必須依個別茶樣而論，或許在某些菁味很強新茶中，因貯藏而導致菁味減少的效益大於雜異味的生成，而讓品評者有明顯改善之感受。除此之外，鐵觀音茶似乎有返菁的現象，其 Hexanal 含量會提高 133%，trans-2-Hexenal 含量會提高 197%，對比其感官品評結果貯藏直至第 3 年都仍有「菁」味的風味描述。

▼ 表 3-1　經貯藏後特色茶中青香分子含量增減變化表

滯留指數	香氣成分	特色茶類									
		G[1]	WB	HM	TO	TK	RO	OB	LB	SB	HB
800	Hexanal	-57%[2]	-74%	+100%	+39%	+133%	-38%	-44%	-39%	-15%	+8%
847	trans-2-Hexenal	+5%	-11%	*	*	+197%	-59%	-54%	-72%	-87%	-58%
851	cis-3-Hexenol	-57%	-30%	-35%	-100%	-100%	*	-33%	-11%	-70%	-35%
864	trans-2-Hexenol	-69%	--[3]	*	--	--	-25%	-56%	-13%	-74%	-16%
867	1-Hexanol	-68%	*[4]	*	*	*	+43%	-34%	-100%	-72%	+1%
1047	trans-β-Ocimene	-100%	-100%	-100%	--	-100%	-100%	-100%	-42%	-100%	-100%

註 1：G：碧螺春綠茶；WB：文山包種茶；HM 清香烏龍茶；TO：凍頂烏龍茶；TK：鐵觀音茶；
　　　RO：紅烏龍茶；OB：東方美人茶；LB：大葉種紅茶；SB：小葉種紅茶；HB：蜜香紅茶。
註 2：以新鮮茶樣與貯藏 3 年後茶樣之含量計算增減百分比；「-」代表含量減少；「+」代表含量增加。
註 3：「--」代表新鮮茶葉與貯藏 3 年後茶樣之含量皆為 0。
註 4：「*」代表新鮮茶葉為 0，但經 3 年貯藏後有生成。

（二）花香

　　Phenylacetaldehyde（苯乙醛）、cis-Linalool oxide (furanoid)、trans-Linalool oxide (furanoid)、Linalool（芳樟醇）、Phenylethyl Alcohol（苯乙醇）、trans-Geraniol（香葉醇）是茶葉中相當重要的花香代表性物質。林等（2013）比較東方美人茶得等組與優良組的揮發性化合物成分差異，其中 Linalool（芳樟醇）、cis-Linalool oxide (furanoid)、trans-Linalool oxide (furanoid)、Hotrienol（去氫芳樟醇）、Methyl salicylate（水楊酸甲酯）及 trans-Geraniol（香葉醇）具有明顯含量上的差異；郭等（2022）於文山包種茶科學化分級指標之研究中指出有 5 種揮發性化合物含量與茶樣等級具有顯著正相關，Phenylacetaldehyde（苯乙醛）名列其中。因此，眾多研究皆表明此 6 種茶葉中常見的花香揮發性化合物與茶葉品質呈正相關，而本研究以其貯藏後成分含量變化之程度來評估花香強度增減。表 3-2 結果顯示以香氣見長的茶類，包括文山包種茶（WB）、小葉種紅茶（SB）、蜜香紅茶（HB），似乎有一致的變化趨勢，其 6 種花香成分含量皆減少，另清香烏龍茶（HM）及東方美人茶（OB）的表現次之，僅有一種花香成分含量有 5% 之增長，其餘 5 種皆有不同幅度之消退現象。這顯示在絕大部分的特色茶中花香無法長存，在有氧氣存在的

條件下貯藏，花香成分亦同步被分解，另一方面茶葉品質亦隨這些正面香氣的消失而逐步遞減。

▼ 表 3-2　經貯藏後特色茶中花香分子含量增減變化表

滯留指數	香氣成分	特色茶類									
		G[1]	WB	HM	TO	TK	RO	OB	LB	SB	HB
1039	Phenylacetaldehyde	-10%[2]	-59%	-29%	*	-100%	-100%	-55%	-82%	-63%	-100%
1069	cis-Linalool oxide (furanoid)	-22%	-100%	-100%	--[3]	-100%	-100%	+5%	+71%	-21%	-16%
1086	trans-Linalool oxide (furanoid)	-44%	-49%	-42%	*[4]	+12%	-38%	-26%	+12%	-42%	-32%
1100	Linalool	-29%	-46%	-66%	-71%	-26%	-48%	-45%	+8%	-47%	-37%
1109	Phenylethyl Alcohol	+34%	-35%	+5%	--	*	-26%	-35%	-19%	-35%	-18%
1257	trans-Geraniol	-69%	-56%	*	*	--	-15%	-69%	-57%	-100%	-56%

註 1：G：碧螺春綠茶；WB：文山包種茶；HM 清香烏龍茶；TO：凍頂烏龍茶；TK：鐵觀音茶；
　　　RO：紅烏龍茶；OB：東方美人茶；LB：大葉種紅茶；SB：小葉種紅茶；HB：蜜香紅茶。
註 2：以新鮮茶樣與貯藏 3 年後茶樣之含量計算增減百分比；「-」代表含量減少；「+」代表含量增加。
註 3：「--」代表新鮮茶葉與貯藏 3 年後茶樣之含量皆為 0。
註 4：「*」代表新鮮茶葉為 0，但經 3 年貯藏後有生成。

　　然而並非所有花香成分皆會減少，α-Ionone（α-紫羅蘭酮）和 β-Ionone（β-紫羅蘭酮）是類胡蘿蔔素的降解產物，其在低濃度時香氣感受偏向於花香，但在高濃度時則偏向木質調之香氣，亦因類胡蘿蔔素的自動氧化不須酵素參與，所以在茶葉貯藏過程中會持續進行作用，進而不斷地改變茶葉香氣的組成與風味。α-Ionone 與 β-Ionone 此兩種成分在貯藏過程中的變化跨越了品種與茶類的限制，在本研究中的所有特色茶類皆呈現一致的變化模式，其在新鮮茶葉中僅存在微量甚至不存在，但茶葉開始貯藏後，茶葉接觸到空氣，α-Ionone 便會生成且穩定存在，β-Ionone 含量則會逐漸累積提高，從圖 3-1 及圖 3-2 的總離子流（TIC）重疊質譜圖可明顯觀察到此變化趨勢（黑色線─0 個月最低）。加上感官品評結果中隨著貯藏時間增加，茶樣有很明顯的陳舊味（偏向木質），因此，推測此兩個成分有可能是陳舊味的主要來源成分之一。

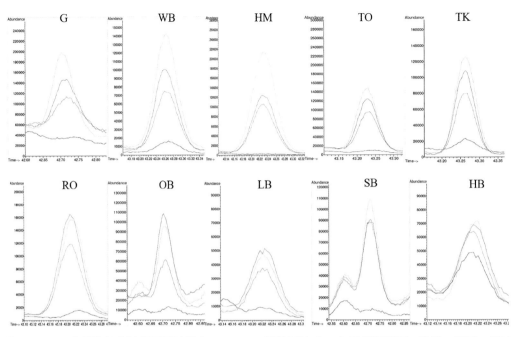

圖 3-1　臺灣特色茶貯藏不同時間之 α-Ionone 總離子流（TIC）重疊質譜圖；黑線—貯藏 0 個月；
藍線—貯藏 12 個月；紅線—貯藏 24 個月；綠線—貯藏 36 個月

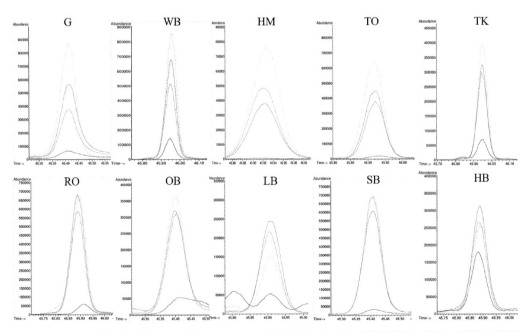

圖 3-2　臺灣特色茶貯藏不同時間之 β-Ionone 總離子流（TIC）重疊質譜圖；黑線—貯藏 0 個月；
藍線—貯藏 12 個月；紅線—貯藏 24 個月；綠線—貯藏 36 個月

（三）甜香

　　小綠葉蟬刺吸產生的蜂蜜甜香是東方美人茶與蜜香紅茶最重要的風味特徵，亦是維持產品價值的核心元素。胡等（2005）以臺茶 12 號為材料，比較小綠葉蟬刺吸與否之茶菁所製成之茶葉，發現受刺吸之處理中，其顯著增加的成分為 Benzaldehyde、Benzyl alcohol、trans-Linalool oxide (furanoid)、cis-Linalool oxide (furanoid)、Linalool、Hotrienol、Phenylethyl Alcohol、Epoxylinalool、trans-linalool oxide (pyranoid)、2,6-Dimethyl-3,7-octadiene-2,6-diol 等成分，推測應是構成蜂蜜香和熟果香的主要成分。近年 Mei et al.（2017）研究顯示茶芽經小綠葉蟬刺吸後會誘導生成 2,6-dimethyl-3,7-octadien-2,6-diol，此化合物經製茶過程中的加熱（脫水）反應後生成 Hotrienol，此化合物可能就是造就東方美人茶與蜜香紅茶獨特蜂蜜香氣的關鍵化學分子。從第二章東方美人茶及蜜香紅茶的香氣成分變化表可知，東方美人茶中重要的甜香香氣成分 Hotrienol 含量呈現遞減之趨勢，經過 36 個月的貯藏，含量可從 5.91% 降低至 1.81%，減少之幅度達 69%；蜜香紅茶中的 Hotrienol 含量於貯藏過程中有上下波動，但貯藏時間拉長呈現下滑趨勢，含量可從 10.03% 降低至 3.76%，減少之幅度達 63%。對照兩者之感官品評結果，約略在貯藏 3-6 個月後蜜香已幾乎不存在，顯示 Hotrienol 含量的減少，一方面降低了感官強度，另一方面也更容易被雜異味給遮蔽，因此東方美人茶與蜜香紅茶之蜜香應無法長久保存。甜香分子中亦有因貯藏而生成的化合物，內酯類通常帶有濃郁的蔗糖或牛奶甜香，γ-Nonalactone（γ- 壬內酯）是低閾值（6 ppb）的內酯類化合物，對比芳樟醇氧化物的閾值約為 320 ppb。γ-Nonalactone 在茶葉中帶有濃郁的蔗糖甜香，在文山包種茶、凍頂烏龍茶、紅烏龍茶、東方美人茶與蜜香紅茶等 5 種茶類中可觀察到其含量隨著貯藏時間增加而逐漸生成累積（圖 3-3），這顯示茶葉貯藏不僅僅有雜異味分子生成，正面香氣的甜香物質亦會生成累積。

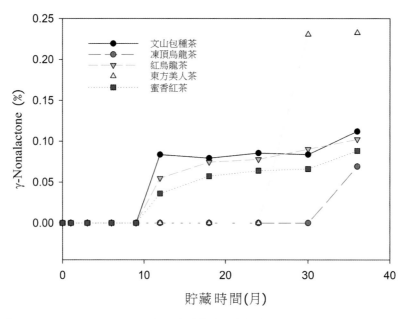

圖 3-3　γ -Nonalactone 含量隨貯藏時間之變化

（四）果香

　　據前人研究顯示在包種茶的製程中，隨著攪拌次數的增加（3～5 次），茶葉中的酯類化合物，例如 (Z)-3-Hexenyl Hexanoate 含量也會隨之提高（蕭，2020），顯示氧化作用會促進酯類化合物的生成。茶葉中的酯類化合物大多帶有水果香氣，例如 Methyl hexanoate、Methyl octanoate、Methyl nonanoate 此 3 種化合物都帶有水果或柑橘香，其在各特色茶類中於不同貯藏時間的含量變化如表 3-3 所示，以 Methyl hexanoate 為例，除了在東方美人茶的新鮮茶樣即有存在之外，其餘茶類皆有觀察到隨著貯藏時間而生成之現象，而其餘分子量更高的酯類化合物則不見得每種茶類皆會生成。因此從化學層面來看，茶葉越陳越香的現象確實存在，而在多個果香化合物的作用之下，茶葉貯藏所產生的柑橘香 / 果香或許也與其有關。

▼ 表 3-3　各特色茶類貯藏不同時間之部分果香成分含量變化表

香氣成分	貯藏時間(月)	特色茶類									
		G[1]	WB	HM	TO	TK	RO	OB	LB	SB	HB
		平均含量（%）									
Methyl hexanoate	0	0	0	0	0	0	0	0.07	0	0	0
	12	0.15	0.24	0.19	0	0.29	0.31	0.15	0.02	0.50	0.15
	24	0.24	0.30	0.25	0.29	0.36	0.42	0.28	0.04	0.64	0.36
	36	0.21	0.29	0.21	0.34	0.52	0.45	0.3	0.06	0.63	0.35
Methyl octanoate	0	0	0	0	0	0	0	0	0	0	0
	12	0	0.10	0	0	0	0.16	0	0	0	0
	24	0	0	0	0	0	0.24	0.10	0	0.16	0.13
	36	0	0.12	0	0	0.10	0.22	0.09	0	0.22	0.11
Methyl nonanoate	0	0	0	0	0	0	0	0	0	0	0
	12	0	0.10	0	0	0	0	0	0	0	0
	24	0	0	0	0	0	0.04	0	0	0.14	0
	36	0	0.15	0	0	0	0.05	0	0	0.15	0

註 1：G：碧螺春綠茶；WB：文山包種茶；HM 清香烏龍茶；TO：凍頂烏龍茶；TK：鐵觀音茶；RO：紅烏龍茶；OB：東方美人茶；LB：大葉種紅茶；SB：小葉種紅茶；HB：蜜香紅茶。

Dihydroactindiolide（二氫獼猴桃內酯）從中文譯名中便不難看出此化合物與果香有相關，其是由 β 胡蘿蔔素氧化而來（Hamid et al., 2017）。盧等（2006）等研究陳化普洱茶與曬青毛茶揮發性成分之差異，發現 Dihydroactindiolide（二氫獼猴桃內酯）會累積在陳化後的普洱茶中，是普洱茶陳香的重要來源成分。Liu et al.（2023）收集了貯藏 1～20 年的梅縣綠茶分析後發現，Dihydroactindiolide 含量會隨著貯藏時間增加。本試驗亦顯示相似之結果，茶葉開始貯藏後，Dihydroactindiolide 開始被偵測到且隨著貯藏時間增加而增加（圖3-4），而從 Dihydroactindiolide 的滯留指數來看（Retention index, RI），可知道 Dihydroactindiolide 是沸點比較高的化合物，揮發性相對弱於沸點低的化合物，因此在長期貯藏的情況下，沸點低的化合物可能因自然揮發或是於再乾的過程中散失，導致茶葉中的 Dihydroactindiolide 含量逐漸增加，成為重要的呈香物質，後續可持續專注此化合物，是否真的是茶葉貯藏重要的指標成分。

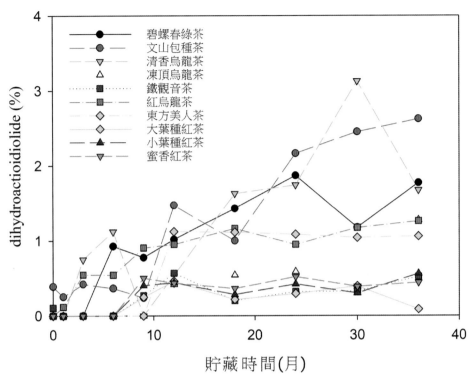

圖 3-4　Dihydroactindiolide 含量隨貯藏時間之變化

（五）焙香

　　糠醛（furfural）又稱呋喃甲醛，帶有烤麵包香氣，為梅納反應的產物。在所有特色茶類中的含量分佈，以鐵觀音茶含量最高可達 18.9%，其次為紅烏龍茶 9.08%，再者為凍頂烏龍茶 5.10%，因此推測其對焙香型球形烏龍茶的典型烘焙香氣具有一定程度上的貢獻。然而隨著貯藏時間的增加，可以觀察到其含量呈逐步遞減（圖 3-5），顯示貯藏過程中發生的自動氧化作用，對於焙香型茶類的烘焙香氣會造成影響。不過並非所有烘焙香氣皆是隨時間呈遞減之狀態，例如 Benzaldehyde（苯甲醛），其帶有明顯的杏仁香氣，也是市售杏仁香精的主要成分，在所有 10 種特色茶類中皆可觀察到其有隨貯藏時間累積在茶葉中之效應，李等（2004）研究水分含量及品質等級對文山包種茶貯藏期間香氣成分變化之影響，結果顯示經過 6 個月的貯藏期 Benzaldehyde 含量有增加的趨勢，且感官品評時有明顯異味產生，因此兩者之間可能具有相關性。因此綜觀焙香香氣的變化，隨著貯藏的進行，焙香

型球形烏龍茶會脫離原本的香氣類型，導致跟原本新鮮茶樣的烘焙香氣不一樣，取而代之的是其他種類的焙香化合物生成累積，在交互影響之下，使焙香型球形烏龍茶的焙香香氣發生轉變。

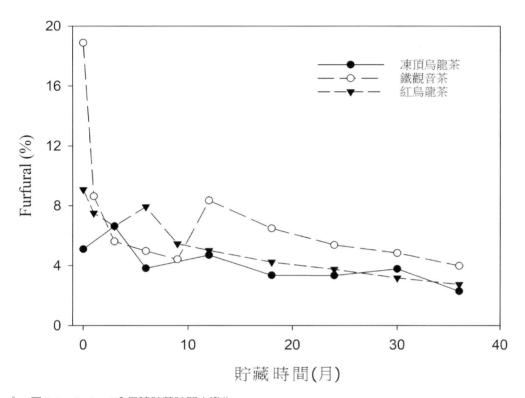

圖 3-5　Furfural 含量隨貯藏時間之變化

（六）其他

前人研究顯示，3,5-Octadienone 是亞麻籽油氧化後主要生成的酮類物質（袁等，2023），在本研究中發現 3,5-Octadienone 也是在貯藏過程中氧化生成的化合物，其帶有明顯的油脂味，除了大葉種紅茶的生成量較低之外，其餘 9 種特色茶在貯藏過程中皆有隨時間呈倍數成長之現象（圖 3-6），Dai et al.（2020）以 OPLS-DA 法分析陳年綠茶與陳舊味（Stale odour）之相關性，結果發現 3,5-Octadienone isomer2 是影響程度最高的揮發性化合物。這或許也能解釋在感官品評結果中，油耗味的來源到底為何。此外相關貯藏試驗文獻結果顯示。戴等（2017）研究

結果亦顯示 1-Penten-3-ol、(Z)-2-Pentenol、1-Ethyl-1H-Pyrrole、(E)-2-Hexenal、2-Pentylfuran、(Z)-4-Heptenal、(E,E)-2,4-Heptadienal 和 3,5-Octadienone 等成分在未真空包裝及高溫貯藏環境下含量會增加，對清香型條形包種茶的新茶香氣有負面影響。由此可見 3,5-Octadienone 應是普遍且共通性的茶葉負面氣味分子，才會在不同的研究中皆發現同樣的現象。馬等（2017）研究顯示，茶葉中殘存的不飽和脂肪酸，在貯藏過程中自動氧化是造成茶葉品質劣變的原因。此外亦有研究指出速溶綠茶中脂肪酸含量僅為綠茶原料的 0.5%，在倉庫中存放數年之久，也較少出現品質劣變現象，可能是由於脂肪酸類物質是脂溶性，用水不易萃取，相對於茶葉，速溶綠茶少了很多脂肪酸氧化反應，有利於品質穩定性（Zhu et al. 2001）。因此，若要維持新鮮茶葉的風味，最重要的是減少茶葉接觸到氧氣的機會，來防止脂肪酸氧化降解，或是提高發酵程度，減少茶葉中殘存的脂肪酸含量，或許也有助於減緩茶葉雜異味的生成速率。

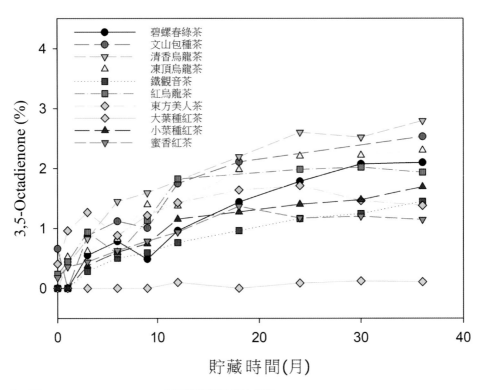

圖 3-6　3,5-Octadienone 含量隨貯藏時間之變化

　　2,6-Dimethylcyclohexanol 帶有木質香氣，目前還尚未清楚此化合物在茶葉中的生成機制為何，然而將其在臺灣特色茶類中的含量作圖後發現（圖 3-7），此化合物應該跟特色茶的發酵程度具有高度的相關性，經過 3 年的貯藏後，在大小葉種紅茶中並沒有此化合物的生成，而隨著特色茶類發酵程度的減少，2,6-Dimethylcyclohexanol 便開始生成。其中鐵觀音茶、紅烏龍茶、東方美人茶與蜜香紅茶是同一個群組，在此群體中 2,6-Dimethylcyclohexanol 的生成量是中度發酵的鐵觀音茶最多，隨著發酵程度提高生成量也隨之減少。碧螺春綠茶、文山包種茶及凍頂烏龍茶是另一個群體，其 2,6-Dimethylcyclohexanol 的生成量，亦隨著發酵程度有同樣的變化趨勢。然而目前尚未可知清香烏龍茶的 2,6-Dimethylcyclohexanol 生成量為何是所有特色茶類最多的，不過就最後感官品評結果而言，或許也是體現清香型球形烏龍茶容易走味的原因之一。

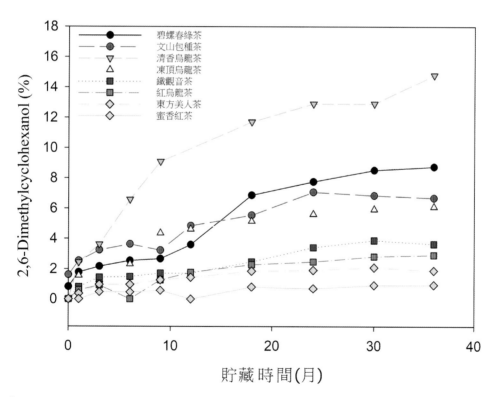

図 3-7　2,6-Dimethylcyclohexanol 含量隨貯藏時間之變化

　　羧酸是醇、醛、酮類化合物氧化反應的終點產物，當氧氣存在的條件不變下，可預期茶葉中會生成有機酸類。在本研究中的所有特色茶類皆可偵測 Hexanoic acid，很明顯是茶葉氧化的痕跡，Hexanoic acid 帶有汗臭味（sweat），其可能是茶葉貯藏產生雜味的重要原因，另將臺灣特色茶類中的 Hexanoic acid 含量作圖後發現（圖 3-8），大葉種紅茶是最不容易生成 Hexanoic acid 的茶類，但是有機酸的生成似乎與發酵程度無必然之相關，紅烏龍茶與蜜香紅茶也是發酵程度高的茶類，但其 Hexanoic acid 的生成量是所有茶類中屬一屬二的，目前僅能依結果來解釋此兩種茶類中有許多醇、醛、酮類化合物能夠被氧化，文山包種茶則是如同預期一般，高香型茶類本身就帶有許多醇、醛等花香化合物，以至於 Hexanoic acid 的生成量也高。Tao 等（2021）針對 20 年儲藏對祁門紅茶揮發性成分影響之研究顯示，茶葉中 C3～C9 的脂肪酸以 Hexanoic acid 占絕大部分，且在貯藏至第 5 年時含量會達到最高峰，爾後因低碳數脂肪酸亦具有揮發性，在貯藏第 10 年時脂肪酸含量會顯著下降，並直至貯藏 20 年其含量再無顯著變化，因此，前人研究認為茶葉貯藏至第 5 年可能是一個關鍵轉換點。

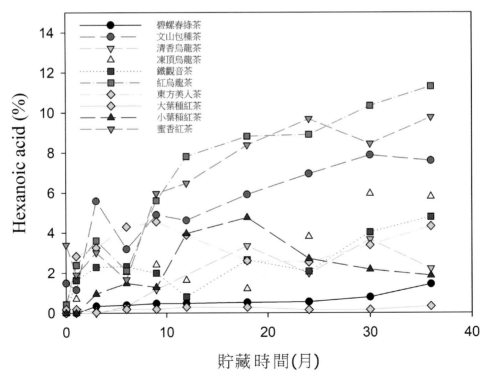

圖 3-8　Hexanoic acid 含量隨貯藏時間之變化

二、貯藏期間茶葉滋味成分變化對感官品質之影響

茶葉中含有許多活性成分，其中包括兒茶素、沒食子酸和咖啡因，它們對茶葉的風味和功效都有著重要的影響。

1. 兒茶素（Catechins）

兒茶素是茶葉中最主要的多酚類化合物之一，也是茶葉的主要抗氧化成分。它們在茶葉中的含量取決於茶葉的種類和加工方法。兒茶素被認為對人體有多種健康益處，包括抗氧化、抗發炎、降血壓、降血脂等。

2. 沒食子酸（Gallic Acid）

沒食子酸是一種天然的有機酸，存在於茶葉中。沒食子酸具有抗氧化和抗發炎特性，同時也為茶葉帶來了獨特的風味。

3. 咖啡因（Caffeine）

咖啡因是茶葉中的一種生物鹼，也是茶葉的主要興奮劑成分。咖啡因能夠刺激中樞神經系統，提神醒腦，增加注意力和警覺性。此外，它還能夠促進代謝，增加脂肪氧化，有助於減肥和提高運動表現。

本專書針對臺灣特色茶，包括碧螺春綠茶、文山包種茶、清香烏龍茶、凍頂烏龍茶、鐵觀音茶、紅烏龍茶、東方美人茶、大葉種紅茶、小葉種紅茶、蜜香紅茶和 GABA 烏龍茶，共 11 種茶類進行貯藏試驗分析。因 GABA 烏龍茶加工製程較為特殊，屬厭氧發酵茶類，故不在此章節與其他茶類進行滋味成分變化之比較。

茶葉的感官品評採用各茶類之標準泡，與化學成分分析採總量分析法有所差異，加上貯藏期間，茶葉可能產生物理上的變化，導致各化學成分在茶湯中溶解比例產生變化，是故感官品評的結果與茶湯化學成分的變化，可能無法直接相互比對，合先述明。以下針對 10 種臺灣特色茶之滋味成分變化，以及對感官品評的可能影響進行探討。

（一）各茶類總兒茶素之變化

茶葉中之兒茶素類主要由 8 種單體組成，包括 4 種游離型兒茶素及 4 種酯型兒茶素，一般認為兒茶素類成分會使茶湯苦澀，尤其是酯型兒茶素澀味感受程度比游

離型兒茶素來的強烈。圖 3-9 為各茶類總兒茶素含量貯藏 36 個月後的變化，文山包種茶、鐵觀音茶、凍頂烏龍茶和大葉種紅茶的總兒茶素含量在貯藏 36 個月後明顯下降，其餘茶類雖略有增減但皆無顯著變化，顯示大部分的茶類在開封後，3 年短期的貯藏並不會減損茶葉的機能性。此外對照各茶類的感官品評結果發現，大多數的茶類會隨著貯藏時間增加而澀感增加，然而若對照各茶類總兒茶素含量之變化趨勢，可發現總兒茶素含量，在大多數的茶類中並無顯著提升之現象，顯見茶葉貯藏 3 年間，造成茶湯澀感的原因並非兒茶素類，而是另有其他成分。

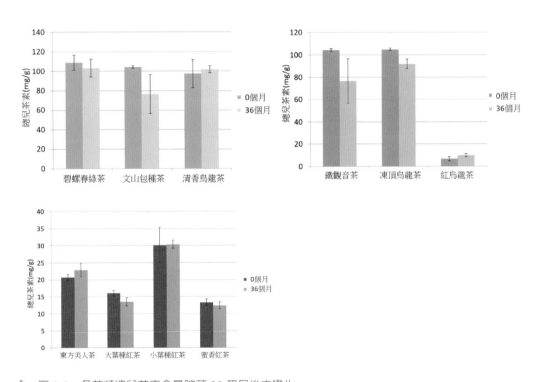

圖 3-9　各茶類總兒茶素含量貯藏 36 個月後之變化

依據前人研究顯示，貯藏 10 年的廣東單叢茶兒茶素含量並無下降趨勢，直至 20 年後才有顯著減少。曾等（2017）研究顯示，普洱生茶貯藏至第 5 年兒茶素才開始有顯著下降之趨勢。另有 Li et al.（2013）研究指出，紅茶貯藏於室溫和濕度 60% 的環境下，1 年後總兒茶素含量無顯著差異，主要 4 種個別兒茶素 EGCG、EGC、EC 及 ECG 亦無顯著差異，反之貯藏於 37℃和濕度 75% 的環境下，總兒茶素及 4 種個別兒茶素皆有顯著下降之趨勢。另有前人研究顯示，龍井綠茶及功夫紅

茶以牛皮紙包裝，貯藏於不同濕度之環境 3 個月後，在低濕度環境（25%）不論綠茶或紅茶，兒茶素皆無減少趨勢，反之在高濕度環境（70%）不論是綠茶或紅茶皆可觀測到兒茶素有顯著下降之趨勢（王等，2019）。有關茶葉貯藏過程中兒茶素含量的變化趨勢，前人研究結果各有不同，故仍需更多試驗，才能推測整體變化走向。另綜觀前人研究，茶葉所含之兒茶素是否在貯藏過程中發生變化，其關鍵是溫度與濕度（茶葉含水量），這也是一般認知中影響化學反應速率之限制因子，本研究中的茶類皆貯藏在室溫，且大多有控制濕度，故推測其環境強度並不足以讓茶葉之兒茶素含量短時間內發生變化，應需要時間讓其慢慢反應。

（二）各茶類沒食子酸和 pH 值之變化

　　沒食子酸（Gallic acid, GA）為茶葉中主要的酚酸，也是合成酯型兒茶素不可缺少的物質，其本身帶有酸澀味。圖 3-10 為各茶類沒食子酸含量貯藏 36 個月後之變化，比較結果發現碧螺春綠茶、清香烏龍茶、凍頂烏龍茶和東方美人茶在貯藏 36 個月後，沒食子酸含量有增加的趨勢，而文山包種茶和小葉種紅茶則呈現含量下降的趨勢。Ning et al.（2016）研究指出隨著存放年分的增加，白茶的沒食子酸含量會逐漸提高。袁等（2018）研究顯示，廣東單叢茶貯藏 10 年後沒食子含量有顯著增加之趨勢。另外，也有前人研究指出一般在茶葉的貯藏過程中，沒食子酸含量會先增加再下降，與茶葉貯藏時風味先變酸再轉化掉酸味的現象應該有所關聯（楊，2018）。

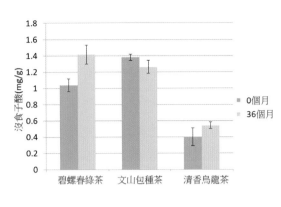

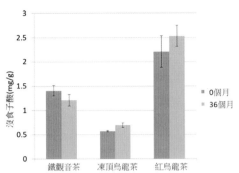

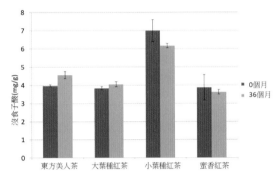

圖 3-10　各茶類沒食子酸含量貯藏 36 個月後之變化

　　各茶類貯藏 36 個月後的 pH 值變化如圖 3-11 所示，除了文山包種茶、清香烏龍茶和鐵觀音茶外，其他茶類皆呈現 pH 值下降的趨勢。文山包種茶和鐵觀音茶直至貯藏 30 個月時的 pH 值也都呈現下降的趨勢，唯有貯藏 36 個月時突然急遽上升，故不能排除其可能有人為疏失或其他因子干擾數值。整體而言，大多數茶類的 pH 值呈現隨貯藏時間的增加而下降的現象，亦即茶湯變酸，大致與各茶類感官品評的結果相符，隨貯藏時間增加酸味變得愈發明顯。茶葉在有氧氣的狀況下貯藏時，隨著時間增加而 pH 值下降的趨勢，似乎是穩定且普遍存在的現象。蔡等（2010）分析不同年分文山包種茶之品質，結果指出年分越久，其 pH 值越低，但超過一定年限後 pH 值反而有回升的趨勢。由圖 3-10 和圖 3-11 可知，雖然大多數茶類的茶湯在貯藏後變酸，但沒食子酸的含量變化並非一致，有些茶類的沒食子酸的含量增加，有些減少，顯示應有其他成分影響茶湯變酸，且由沒食子酸的含量數值看來，其實變化不大。

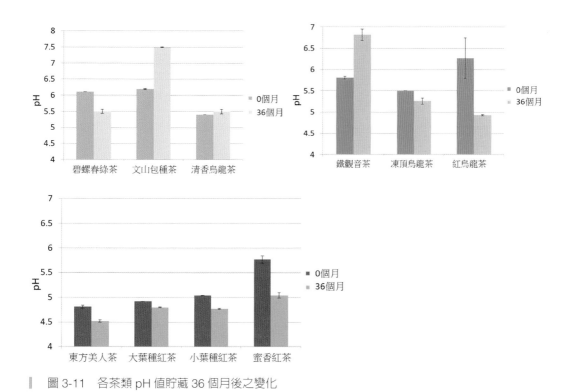

圖 3-11　各茶類 pH 值貯藏 36 個月後之變化

（三）各茶類咖啡因之變化

咖啡因是茶葉中苦味的來源之一，性質較穩定，於製茶過程及茶葉貯藏期間變化不明顯。圖 3-12 比較了各茶類貯藏 36 個月後之咖啡因含量變化，大多數的茶類在貯藏後咖啡因含量沒什麼變化，大葉種紅茶呈現咖啡因含量貯藏 36 個月後有下降的趨勢，而凍頂烏龍茶和東方美人茶則是有上升的趨勢，雖然有些茶類的咖啡因含量有下降或上升的現象，但其實就實際數值來說變化都不大。袁等（2018）研究顯示，廣東單叢茶即使經過 20 年的貯藏，咖啡因含量亦無顯著差異。顯示咖啡因為相當穩定之化合物，不易因貯藏時間長短而發生變化。

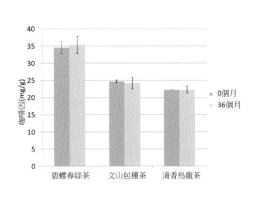
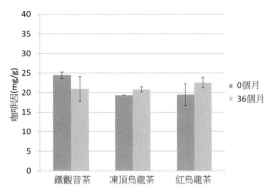
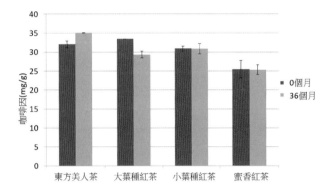

圖 3-12　各茶類咖啡因含量貯藏 36 個月後之變化

三、總結

　　茶葉在貯藏過程中的變化是許多業者與消費者所關心的問題，古今中外亦有許多前人研究針對此問題探討，然而許多研究之樣品乃是市面上購買之不同年分茶葉，講究一點的是採用同一個茶廠所存放的不同年分茶葉。然而茶菁條件的差異會造成茶葉風味及成分有巨大的變化，即使是同一個季節不同批次採收的茶菁亦會有所誤差，更不論製茶過程所額外添加的許多變因。因此，爲彌補前人研究之不足，本研究乃針對同一批茶葉進行定期的感官品評與化學分析，希望能呈現茶葉貯藏的動態變化過程，並定期將分析結果對外分享，提供業者、消費者甚至是研究人員更多的科學數據參考。此外，茶葉中的許多化學成分皆會影響茶葉的口味和口感，且不同口味會彼此交互作用。本文僅針對茶葉中幾種主要成分進行探討，較難有所定論，不過希望能以此拋磚引玉，引領更多的資源研究投入，未來能更全面剖析茶葉

風味的面貌。

四、參考文獻

1. 王近近、袁海波、陶瑞濤、鄭余良、滑金杰、董春旺、江用文、王霽昀。2019。溫度與濕度對龍井綠茶及功夫紅茶貯藏品質的影響。生產與科研應用 45(24): 209-217。

2. 李志仁。2004。水分含量及品質等級對文山包種茶貯藏期間香氣成分變化之影響。行政院農業委員會茶業改良場 93 年年報 pp.221-224。

3. 林燕萍、龍樂、宋煥祿、劉寶順、黃毅彪。2020。貯藏時間對武夷岩茶金鎖匙生化成分及感官品質的影響。食品科學技術學報 38(5): 119-126。

4. 胡智益、李志仁。2005。小綠葉蟬吸食茶菁對白毫烏龍茶香氣成份之影響。臺灣茶業研究彙報 24: 65-76。

5. 郭芷君、黃雅柔、黃宣翰、楊美珠。2022。文山包種茶科學化分級指標之研究。臺灣茶業研究彙報 41: 149-163。

6. 袁彬宏、陳亞淑、周琦、鄧乾春。2023。亞麻籽油揮發性風味物質研究進展。食品科學 44(19): 290-298。

7. 袁爾東、段雪菲、向麗敏、孫伶俐、賴幸菲、黎秋華、任嬌豔、孫世利。2018。貯藏時間對單叢茶成分及其抑制脂肪酶、α 葡萄糖苷酶活性的影響。華南理工大學學報（自然科學版）46(11): 24-28。

8. 曾亮、田小軍、羅理勇、官興麗、高林瑞。2017。不同貯藏時間普洱生茶水提物的特徵性成分分析。食品科學 38(2): 198-205。

9. 馬超龍、李小嫄、岳翠男、王治會、葉玉龍、毛世紅、童華榮。2017。茶葉中脂肪酸及其對香氣的影響研究進展。食品研究與開發 38(4): 220-224。

10. 楊美珠。2018。茶葉兒茶素之代謝機制與生物活性。國立臺灣大學生物資源暨農學院園藝暨景觀學系博士論文。臺灣臺北市。

11. 蔡怡婷、蔡憲宗、郭介煒。2010。文山包種茶不同年份茶葉品質變化之研究。嘉大農林學報 8(1): 67-79。

12. 蕭雅馨。2020。揮發性化合物組成與包種茶炒菁時機之關係。國立臺灣大

學生物資源暨農學院園藝暨景觀學系碩士論文。

13. 盧紅、李慶龍、王明凡、紀文明、李尼杭。2006。陳化普洱茶與原料綠茶的揮發性成分比較分析。西南大學農業學報（自然科學版）28(5): 820-824。

14. 戴佳如、林金池、邱喬嵩、黃玉如、楊美珠。2017。貯藏條件對清香型半球形包種茶之茶葉品質及揮發性成分之影響。臺灣茶業研究彙報 36: 111-132。

15. Dai, Q., Jin, H., Gao, J., Ning, J., Yang, X., and Xia, T. 2020. Investigating volatile compounds' contributions to the stale odour of green tea. Int. J. Food Sci. 55: 1606-1616.

16. Hamid, H. A., Kupan, S., and Yusoff, M. M. 2017. Dihydroactinidiolide from thermal degradation of β-carotene. International Journal of Food Properties 20(3): 674–680.

17. Li, S., Lo, C. Y., Pan, N. H., Lai, C. S. and Ho, C. T. 2013. Black tea: chemicals analysis and stability. Food and Function 4: 10-18.

18. Liu, H., Zhuang, S., Gu, Y., Shen, Y., Zhang, W., Ma, L., Xiao, G., Wang, Q., and Zhong, Y. 2023. Effect of storage time on the volatile compounds and taste quality of Meixian green tea. LWT 173: 114320.

19. Mei, X., Liu, X. Y., Zhou, Y., Wang, X. Q., Zeng, L. T., Fu, X. M., Li, J. L., Tang, J. C., Dong, F., and Yang, Z. Y. 2017. Formation and emission of linalool in tea (Camellia sinensis) leaves infested by tea green leafhopper (Empoasca (matsumurasca) onukii matsuda). Food Chemistry 237: 356-63.

20. Ning, J. M., Ding, D. Song, Y. S., Zhang, Z. Z., Luo, X., and Wan, X. C. 2016. Chemical constituents analysis of white tea of different qualities and different storage times. Eur. Food Res. Technol 242: 2093-2104.

21. Tao, M., Xiao, Z., Huang, A., Chen, J., Yin, T., and Liu, Z., 2021. Effect of 1–20 years storage on volatiles and aroma of Keemun congou black tea by solvent extraction-solid phase extraction-gas chromatography-mass spectrometry. Food science and technology 136(2): 100278.

22. Tao, M., Guo,W., Zhang,W., and Liu, Z. 2022. Characterization and Quantitative

Comparison of KeyAroma Volatiles in Fresh and1-Year-Stored Keemun Black Tea. Infusions: Insights to Aroma Transformation during Storage. Foods 11: 628.

23. Zhu, Q., Shi, Z. P., and Tong, J. H. 2001. Analysis of Free Fatty Acids in Green Tea and Instant Green Tea by GC-MS. Journal of Tea science 21(2): 137-139.

附　錄

材料與方法

一、試驗材料

本場自行生產或外購，各特色茶樣之風味符合臺灣特色茶風味輪定義之典型風味。

二、茶樣包裝處理

（一）茶樣包裝材質：積層鋁箔袋（NY/PE/Al/PE/LDPE）。

（二）包裝與處理：茶葉用鋁袋裝並以封口夾包裝。茶樣包裝後貯藏於控制濕度且避光之室溫環境，並以自動溫溼度記錄儀監測環境，每處理三重複。

（三）取樣時間：各處理茶樣分別於貯藏 1、3、6、9、12、18、24、30 及 36 個月後取樣分析。

三、感官品評

依據國際標準 ISO 3103-2019 (E)，秤取 3 g 茶樣，以 150 mL 沸水沖泡，條形茶沖泡 5 分鐘；球形茶沖泡 6 分鐘；東方美人茶沖泡 5 分 30 秒後瀝出茶湯，依據茶改場訂定之各特色茶類評鑑標準進行感官品評。

四、一般理化分析

（一）pH 值與茶湯色澤分析：秤取約 3 g 茶樣，置於以國際標準 ISO3103-2019 (E) 製作之 150mL 審茶杯中，加入沸水沖泡 5 分鐘後過濾茶湯，以 pH 測定儀分析茶湯 pH 值及利用色澤分析儀（NIPPON DESHOKU, NE4000）測定茶湯之 CIE L*、a*、b* 值。

（二）水分含量分析：精秤 4 g 茶樣到小數點後 4 位，以 105℃乾燥至恆重（約 48 小時），記錄其失重量，以計算該茶樣之水分含量。

五、香氣成分分析

(一) 茶樣以球磨機粉碎並通過 35 mesh 篩網後備用。

(二) 秤取 0.1 克茶粉裝入 20 mL 頂空玻璃瓶，再以 60℃乾浴不震盪加熱 15 分鐘後，以 SPME 纖維（50/30 μm DVB/CAR/PDMS; Supelco, USA）吸附揮發性成分 30 分鐘。

(三) 將 SPME 纖維以 230℃脫附 1 分鐘，再利用氣相層析儀（Agilent 6890）附質譜偵測器（Agilent 5975B）分離揮發性成分。管柱為 HP-5MS（30 m × 0.25 mm, Agilent），管柱升溫條件為初始 40℃維持 4 分鐘，之後以每分鐘 2℃升溫至 90℃，於 90℃維持 2 分鐘，之後再以每分鐘 3℃升溫至 210℃，於 210℃維持 1 分鐘，後以每分鐘 10℃升溫至 230℃，總分析時間為 74 分鐘。載流氣體為超高純度氦氣，流速每分鐘 1mL，不分流進樣，溶劑延遲時間 3 分鐘。質譜儀使用 EI 離子源，離子化電壓 70 eV，離子源溫度 230℃，質量掃瞄範圍 50～450 amu。

(四) 質譜資料利用 NIST17.L 與 Wiley275.L 等資料庫進行比對，透過離子碎片強度比例與滯留時間判定各揮發性成分。

六、滯留指數資料建立（Retention index）

(一) 以甲醇稀釋 C7～C30 飽和烷類標準品（Sigma-Aldrich, USA），配製成 15 ppm 濃度之標準原液，並對半稀釋 4 次，以各稀釋濃度為標準溶液。

(二) 吸取 50 μL 飽和烷類標準溶液至 20 mL 頂空玻璃瓶，後續分析條件與茶樣香氣成分分析一致。測定其在相同升溫條件下各不同碳數烷類之出峰時間，之後可依公式計算樣品中各香氣成分之滯留指數，再查詢文獻中相同管柱條件下該化合物之滯留指數，兩者進行比對鑑定，依此建立臺灣茶揮發性成分資料庫。

(三) 滯留指數計算公式：

$$RI = 100 \times n + 100 \times [(RT\ unknown - RT\ smaller\ alkane)/(RT\ larger\ alkane - RT\ smaller\ alkane)]$$

n＝目標化合物流出的前一個烷類所含之碳原子數目。

RT unknown：目標化合物滯留時間。

RT smaller alkane：目標化合物流出的前一個烷類之滯留時間。

RT larger alkane：目標化合物流出的後一個烷類之滯留時間。

七、化學成分分析

（一）樣品萃取

秤取 0.1 g 茶粉，以多功能進樣系統（MPS, Multi-Purpose Sampler, GERSTEL, USA）進行樣本萃取，加入 8 mL 超純水後，於 90℃震盪萃取 25 分鐘，再以 0.22 μm PVDF 濾膜過濾，供後續兒茶素及茶黃質含量分析。

（二）兒茶素異構物、咖啡因、沒食子酸高效液相層析分析

1. 高效液相層析系統為 Agilent 公司（USA）生產，以 1260-Quat 幫浦系統串接 1260 infinity II 自動進樣儀，搭配二極體陣列偵測器 1260-DADVL。使用的層析管柱為 Agilent 公司（USA）填充 C18 微粒的 Poroshell 120® 不鏽鋼管柱，管柱內徑 3.0 mm × 長 150 mm；粒徑 2.7 μm，管柱型號 EC-C18。

2. 管柱控溫於 35 ± 0.2℃，層析分析移動相以 0.5 mL·min^{-1} 流速進行層析分離，注射量為 5 μL。第一移動相 (A) 為去離子水含 0.1%（v/v）甲酸（formic acid）；第二移動相 (B) 為乙腈（acetonitrile）。層析分離的梯度變化為自 0 分鐘到 8 分鐘，以 A：B = 95：5 比例線性變化至 A：B = 90：10，接著自 8 分鐘到 18 分鐘維持梯度比例，接著自 18 分鐘到 19 分鐘以 A：B = 90：10 以線性梯度變化至 A：B = 85：15，而從 19 分鐘至 24 分鐘則續以梯度變化至 A：B = 80：20 結束。

3. 二極體陣列偵測器以 280 nm 偵測，分析成分以兒茶素異構物、咖啡因及沒食子酸標準品圖譜比對滯留時間判定，各成分以標準品配製濃度梯度，於相同測定條件下測定後，測定結果繪製標準曲線，以計算該成分之含量。

（三）茶黃質高效液相層析分析

1. 高效液相層析系統為 Agilent 公司（USA）生產，以 1260-Quat 幫浦系統串接 1260 infinity II 自動進樣儀，搭配二極體陣列偵測器 1260-DADVL。使用的層析管柱為 Agilent 公司（USA）填充 C18 微粒的 Poroshell 120® 不鏽鋼管柱，管柱內徑 3.0 mm × 長 150 mm；粒徑 2.7 μm，管柱型號 EC-C18。

2. 管柱控溫於 34±0.2℃，層析分析移動相以 0.5 ml · min⁻¹ 流速進行層析分離，注射量為 5 μL。第一移動相 (A) 為去離子水含 0.1%（v/v）甲酸（formic acid）；第二移動相 (B) 為乙腈（acetonitrile）。層析分離的梯度變化為自 0 分鐘到 2 分鐘，以 A：B = 95：5 比例線性變化至 A：B = 80：20，接著自 2 分鐘到 8 分鐘維持梯度比例，接著自 8 分鐘到 12 分鐘以 A：B = 80：20 以線性梯度變化至 A：B = 75：25，接著維持梯度比例至 15 分鐘，而從 15 分鐘至 18 分鐘則續以梯度變化至 A：B = 70：30 結束。

3. 二極體陣列偵測器以 280 nm 偵測，分析成分以茶黃質標準品圖譜比對滯留時間判定，各成分以標準品配製濃度梯度，於相同測定條件下測定後，測定結果繪製標準曲線，以計算該成分之含量。

（四）γ-胺基丁酸高效液相層析分析

1. 依據 Agilent Zorbax Eclipse-AAA 方法分析，樣品先以 OPA（o-phthalaldehyde）及 FMOC（fluorenylmethyl chloroformate）衍生化處理後分析其 γ-胺基丁酸含量。

2. 高效液相層析系統為 Agilent 公司（USA）生產，以 1260-Quat 幫浦系統串接 1260 infinity II 自動進樣儀，搭配螢光偵測器 1260-Fluorescence Detector。使用的層析管柱為 Agilent 公司（USA）填充之 Zorbox Eclipse-AAA 管柱，管柱內徑 4.6 mm × 長 150 mm；粒徑 5 μm。

3. 管柱控溫於 40 ± 0.2℃，層析分析移動相以 2 mL · min⁻¹ 流速進行層析分離，注射量為 10 μL。第一移動相 (A) 為 10 mM Ammonium ethanoate；第二移動相 (B) 為混和液（ddH₂O：MeOH：ACN = 10：45：45）。層析分離的梯度變化為自 0 分鐘到 1.9 分鐘，維持 A：B = 100：0，接著自 1.9 分鐘到 19.1 分鐘，以 A：B = 100：0 比例線性變化至 A：B = 57：43 結束。

4. 螢光偵測器以 338 nm 偵測，分析成分以 γ - 胺基丁酸標準品圖譜比對保留時間判定，各成分以標準品配置濃度梯度，於相同測定條件下測定後，測定結果繪製標準曲線，以計算該成分之含量。

八、 統計分析

（一）一般理化分析、兒茶素、咖啡因及茶黃質等數據資料以 sigmaplot 12.5 進行折線圖之繪製，資料呈現方式為平均值 ± 標準誤差（mean ± SE）。

（二）香氣成分採用國際香料工業組織所發表的香氣定量方法 Internal Normalization（IOFI Working Group on Methods of Analysis, 2011），即各組成分峰面積除以總峰面積得到各香氣物質之相對百分比含量，以平均值呈現（n=3）。

國家圖書館出版品預行編目(CIP)資料

臺灣特色茶貯藏期間風味解密 / 農業部茶及
飲料作物改良場編著. -- 初版. -- 臺北市：
五南圖書出版股份有限公司, 2024.07
　面；　公分
ISBN 978-626-393-523-5(平裝)
1.CST: 茶葉 2.CST: 製茶 3.CST: 茶藝
439.4　　　　　　　　　　113009745

5N69

臺灣特色茶貯藏期間風味解密

發 行 人 ― 蘇宗振

主　　編 ― 黃宣翰、蔡憲宗

著　　作 ― 蘇宗振、楊美珠、蔡憲宗、黃正宗、林儒宏、蕭建興、
蘇彥碩、黃宣翰、蕭孟衿、張正桓、簡靖華、黃校翊、
郭芷君、邱喬嵩、羅士凱、潘韋成

編　　審 ― 蘇宗振、邱垂豐、吳聲舜、蔡憲宗、史瓊月

發行單位 ― 農業部茶及飲料作物改良場

　　　　　　地址：326 桃園市楊梅區埔心中興路 324 號

　　　　　　電話：(03) 4822059

　　　　　　網址：https://www.tbrs.gov.tw

出版單位 ― 五南圖書出版股份有限公司

美術編輯 ― 何富珊、徐慧如、封怡彤

　　　　　　印刷：五南圖書出版股份有限公司

　　　　　　地址：106 台北市大安區和平東路二段 339 號 4 樓

　　　　　　電話：(02) 2705-5066　　傳真：(02) 2706-6100

　　　　　　網址：https://www.wunan.com.tw

　　　　　　電子郵件：wunan @ wunan.com.tw

　　　　　　劃撥帳號：01068953

　　　　　　戶名：五南圖書出版股份有限公司

法律顧問　林勝安律師

出版日期　2024年7月初版一刷

定　　價　新臺幣450元

經典永恆・名著常在

五十週年的獻禮 —— 經典名著文庫

五南，五十年了，半個世紀，人生旅程的一大半，走過來了。

思索著，邁向百年的未來歷程，能為知識界、文化學術界作些什麼？

在速食文化的生態下，有什麼值得讓人雋永品味的？

歷代經典・當今名著，經過時間的洗禮，千錘百鍊，流傳至今，光芒耀人；

不僅使我們能領悟前人的智慧，同時也增深加廣我們思考的深度與視野。

我們決心投入巨資，有計畫的系統梳選，成立「經典名著文庫」，

希望收入古今中外思想性的、充滿睿智與獨見的經典、名著。

這是一項理想性的、永續性的巨大出版工程。

不在意讀者的眾寡，只考慮它的學術價值，力求完整展現先哲思想的軌跡；

為知識界開啟一片智慧之窗，營造一座百花綻放的世界文明公園，

任君遨遊、取菁吸蜜、嘉惠學子！